21

21世纪高等开放教育系列教材

周红云 | 主编

城市规划与设计

CHENGSHI GUIHUA YU SHEJI

中国人民大学出版社
· 北京 ·

前言

城市规划广受社会关注，但是城市规划的专业知识却往往“高不可攀”，已出版的城市规划设计的专业教材主要面向普通高校城市规划专业的本科生和研究生，教材内容涵盖完整的城乡规划体系，采用较多专业词汇、技术标准和规范。对于缺乏相关背景知识，并不从事专业城市规划设计的大众而言，这些教材难以理解，也缺乏可读性。因此，编写一本面向普通社会人群、通俗易懂的城市规划设计读本一直是笔者的愿望，也是未来推进公众参与城市规划的重要途径。此次中国人民大学出版社、北京开放大学面向在职成人的网络课程“城市规划与设计”建设提供了一个难得的机会，让笔者可以编写一本通俗易懂的城市规划与设计学材。

学材不同于教材，首先，学材内容要与网络课程衔接，用学员易于接受的语言帮助其更好地掌握所讲授的知识点；第二，学材要求通俗易懂、生动活泼，可以引入情境让学员来模拟解决城市规划实践中需解决的问题，对于实践问题导向的城市规划与设计课程，这种教学方式更加适合；第三，学材中可以插入大量的图表，并配以浅显易懂、口语化的说明，从而激发学员的学习兴趣。编写学材对笔者而言也是一项全新的工作，即富有挑战，也充满乐趣。

本学材编写时借鉴了已出版的城市规划设计领域经典教材，这些教材包括吴志强教授、李德华教授编写的《城市规划原理（第四版）》、谭纵波教授编写的《城市规划》、耿毓修教授编写的《城市规划管理》、耿慧志教授编写的《城乡规划管理与法规》等，但是在内容上结合此次课程的要求进行简化，突出城市规划涉及的重点内容、主要城市规划类型及方法。此外，本学材在编写方式上强调以成人在职学员为中心，根据其网络学习的特点，与教学视频内容衔接，采用模块化的方式，将所有知识点按照单元进行整合。

本学材共分为八个课程单元，每个单元包含若干个知识点，其中第一、二、三、七、八单元注重知识讲解，帮助学员了解城市规划设计相关的理论和知识；第四、五、六单元注重编制方法和程序的介绍，帮助学员掌握城市总体规划、控制性详细规划、居住区规划设计的编制方法、程序和技术标准。每个单元相对独立、自成体系，学员可以结合网络课程分单元独立学习，也可以就某一单元内容组成学习小组共同讨论。学材中每个知识点之后都附有练习题，学员可以自主进行测试，并对照习题解析更好地理解知识、加深记忆。

本学材编写小组成员还包括万成伟、孙琳、宫良帅、卢璟慧，在此向他们的辛勤编写工作表示感谢。此外，在学材编写过程中还得到中国人民大学出版社罗海林编辑、李丽虹编辑的指导和支持，北京开放大学苑丁老师的帮助，在此也一并致谢。

目录 CONTENTS

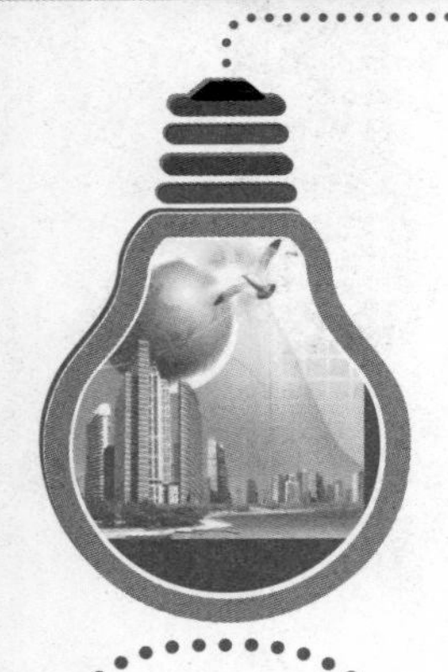

CONTENTS 目录

第一单元

城市与城市发展

Unit

学习导引

同学们好！欢迎你们来到“城市规划与设计”课程的课堂。本单元主要讲解城市与城市发展相关的基本知识，首先从城市的基本概念入手，与大家一起回顾城市的产生过程，掌握城市、城市化、城镇化、市民化等基本概念，然后理解全球城镇化发展的整体趋势和规律，最后系统回顾一下我国城镇化发展之路。

本单元涉及概念较多，希望大家在学习过程中，能够结合本单元学材内容，活学活用，不仅理解城市相关的基本概念，而且要结合图表理解这些概念在现实中到底指的是什么，并完成在线的习题和作业，从而很好地完成本单元的学习任务。

学习目标

学完本单元内容之后，你能够：

（1）理解城市的产生过程和基本概念；

（2）掌握城镇化基本趋势和测度方法；

（3）了解我国城镇化道路的发展过程和主要特征。

知识结构图

图1－1为本单元内容的整体框架，主要包含三部分内容：城市的产生和定义、城镇化和中国的城镇化道路。接下来我们将在这个整体框架的指引下逐一学习每个知识点的具体内容。我们需要在理解城市、城市化、城镇化的基础上，认识我国城镇化道路的发展阶段和主要特征，并能够结合图表直观分析和总结不同区域城镇化的规律和特征。

图 1-1　知识结构图

通过本单元知识结构图，大家可能对本单元要学的内容已经有了初步了解，那么接下来我们就按照这个框架来逐一学习各个知识点的内容。

知识点 1　城市的产生和定义

学前思考

中国历史上曾经有过许多恢宏壮丽的城市，“宫阙参差落照间”的隋唐长安城、“曾观大海难为水，除去梁园总是村”的北宋汴梁城、“欲把西湖比西子”的南宋临安城，以及作为“都市计划的无比杰作”的明清北京城。你想过这些城市最早是如何形成的吗？为什么我们用“城”+“市”来命名？在讲述本知识点之前，请各位同学先思考一下：城市是什么？它是如何产生的？又经历了哪些历程？有什么功能？起到什么样的作用？如何来界定城市？让我们带着这些问题开始以下的学习之旅吧。

知识重点

城市首先是人类居住的一种形态，是人类聚居的居民点，那么居民点是如何形成的呢？又是如何演化成城市的呢？在此，我们主要通过案例以及我国传统文字中城市的含义来讲解。城市随着人类社会第三次社会大分工而逐渐形成，城市是政治统治、军事防御和商品交换的产物，也是社会分工和产业分工的产物。

一、居民点

人类在产生的初期，只能过着依附自然的采集、穴居和巢居生活。到了新石器时代，随着第一次社会大分工，农业部落出现，农业生产逐渐成为主要的生产方式，氏族部落形成，从而产生聚族而居的固定居民点。

早期居民点由于生产及生活的要求，一般都位于土壤肥沃、背山面水的环境中。实际上，我们现代城市规划选址也需要遵循一些相类似的原则，但现代城市选址由于生产生活方式更加复杂，遵循的原则也更加多样，分析的手段也更为先进。

图 1－2 是一个原始居民点的案例，这是西安半坡村遗址的布局示意图。首先从整体选址来看，半坡居民点选址靠近河流，靠近水面的地带更有利于农业及渔牧业。这个时期，河流的主要作用不是通航，这和以后沿河发展的商业城市是有所不同的。

其次，居民点已经有了一些简单的分区。对人而言，最基本的就是生与死，因而居民点中区分住址和墓地。半坡遗址靠近河流的中心区域是居民点，居民点外围还设置了具有防御性的壕沟，而西北部则是公共墓地。此外，村庄中也有了一些简单的手工业，当时最普遍的手工业就是制作陶器，而制作陶器的窑址则位于居民点的东侧。

在居民点内部，建筑的布局也有一定的规律，以适应当时部落的生活方式。居民点的中心是供氏族成员集合的大房子，有些像我们现在的会堂；而在其周边则环绕布局小的住所，其门往往都朝向大房子。

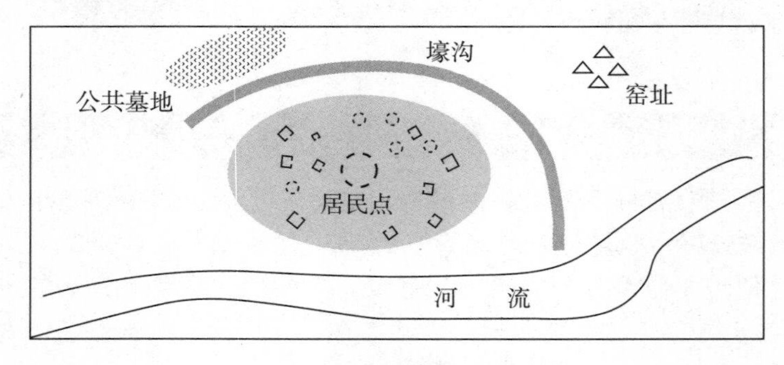

图 1－2 半坡村遗址示意图

练一练

单项选择题：

居民点出现是在人类第几次社会大分工之后？（ ）

A. 第一次社会大分工

B. 第二次社会大分工

C. 第三次社会大分工

【解析】答案为 A。在早期的人类历史上，有三次社会大分工。第一次社会大分工是畜牧业和农业的分工，发生于原始社会后期。这次社会大分工促进了劳动生产率的提高，引起了部落之间的商品交换，为私有制的产生创造了物质前提。第二次社会大分工是手工业和农业的分工，发生于原始社会末期。这次社会大分工促进了劳动生产率的进一步提高，促使私有制的形成。第三次社会大分工出现了不从事生产、专门从事商品交换的商人阶级，它发生于原始社会瓦解、奴隶社会形成的时期。居民点出现在第一次社会大分工后，是农业与畜牧业分离之后的产物。

二、城市的形成

随着物资交换量和交换频次的增加，逐渐出现了专门从事交易的商人，交换的场所也由临时的地点改变为固定的市。商业和手工业从农业中分离出来，原来的居民点开始逐渐发生分化，以农业为主的就是农村，而具有商业和手工业职能的就是城市。随着私有制的产生，社会也开始出现阶级分化，原始社会逐渐过渡到奴隶制社会，城市的政治和防卫功能加强。

从我国的文字字义来看，城市是由“城”和“市”两个汉字组成，“城”是以武器守卫土地的意思，是一种防御性的构筑物。在《吴越春秋》中有云“筑城以卫君，造郭以守民”，就是说建造城池用来保卫君主，建造城郭用来守护居民。而“市”则是一种交易的场所，即“日中为市”“五十里有一市”的市，也就是集市、市场。由此可见，我国古代的城市具有防御特征，同时也有市场交易功能。所以，城市是政治统治、军事防御和商品交换的产物，也是社会分工和产业分工的产物。

城市的产生和发展受到社会、经济文化、科技等方面的影响，用来满足人们生产、生活、娱乐、休憩等各方面的要求，同时也受到技术水平的制约和促进。政治体制也会影响城市的布局和规模，例如，中国封建社会长期都采用统一集权制度，所以都城、城市的规模都很大，且布局比较规整；而欧洲封建社会很长时间都采用分封的制度，国家和城市规模都比较小。一般而言，古代城市主要基于农业社会的需要，而近代以来的城市则基于工业社会以及后工业社会。

练一练

辨析题：

城市的主要功能是防御，所以有防御墙体的居民点就是城市。(　　)

【解析】答案为错误。人类自有固定的居民点以来，即有防御的需求，所以防御是古代城市的重要功能之一，但是有防御墙体的居民点并不一定就是城市，有的村寨也有防御的墙体。城市是有着商业交换职能的居民点，与农村居民点的主要差异是产业结构（居民从事职业）、人口规模和居住形式。

单项选择题：

1.“筑城以卫君，造郭以守民”的说法是出自哪个时期？（　　）

A. 商代　　B. 周代　　C. 春秋战国　　D. 秦代

【解析】答案为 C。“筑城以卫君，造郭以守民”出自春秋战国时期的《吴越春秋》。

2.“城市”是在“城”与“市”功能的基础上，以行政和商业活动为基本职能的（　　）的客观实体。

A. 复杂化和多样化　　B. 实体化和规模化

C. 特殊化和专业化　　D. 集中化和商业化

【解析】答案为 A。城市是以行政和商业活动为基本职能的复杂化和多样化的客观实体。

三、城市与城镇的界定

世界上大多数国家都存在三种居民点类型：村庄、镇、城市。其中镇和城市是城镇型居民点，居民主要从事非农业活动；村庄是乡村型居民点，居民主要从事农业活动。

城市的定义主要从经济、社会和地理等多个维度来进行界定。“城市聚集了一定数量的人口；城市以非农业活动为主，是区别于农村的社会组织形式；城市是一定地域中，在政治、经济、文化等方面具有不同范围中心的职能；城市要求相对聚集，以满足居民生产和生活方面的需要，发挥城市特有功能；城市必须提供必要的物质设施和力求保持良好的生态环境；城市是根据共同的社会目标和各方面的需要而进行协调运转的社会实体；城市有继承传统文化并加以延绵发展的使命。”

虽然世界上并没有统一的城镇定义标准，但是各国对于城镇的定义都包含三个本质特征：产业构成、人口数量和职能。即产业构成以非农产业为主，人口数量和密度要超过一定标准，职能上作为一个区域中行政、公共服务、工业和服务业的中心。

（一）镇的标准

1955 年国务院设定的城镇标准为：常住人口 2 000 人以上，居民 50% 以上为非农业人口的居民区即为城镇。

（二）市的标准

我国设市的标准在世界范围内而言是比较高的，整体上也是从人和产业两个角度进行界定。当前，世界上很多国家都有设立城市的标准。例如：人口数量下限最高的是日本，为 5 万人；其他的主要国家如美国是 2 500 人，英国是 3 000 人，法国和德国是 2 000 人，印度和韩国是 5 000 人。由于设市标准简单而又对人口标准限制较低，这些国家的城市数量远高过中国。

我国设市的标准也历经多次调整，1997 年之后基本上暂停了县改市的审批工作，但还是可以参照之前遵循的设市标准。1993 年，国务院批转民政部《关于调整设市标准报告》的通知中主要对人口数量、密度和经济结构做出明确规定，例如对于人口密度在每平方公里 400 人以上的县，设市的要求为：

1. 人口数量和密度要求

（1）县人民政府驻地所在镇从事非农产业的人口不低于 12 万（除从事非农产业人口之外，还包含城镇中等以上学校招收的农村学生，以及驻镇部队等单位的人员）。

（2）具有非农业户口的从事非农产业的人口不低于 8 万。

（3）县总人口中从事非农产业的人口不低于 30%，并不少于 15 万。

2. 经济结构要求

（1）全县乡镇以上工业产值在工农业总产值中不低于 80%，并不低于 15 亿元。

（2）国内生产总值不低于 10 亿元，其中第三产业产值占比要达到 20% 以上。

（3）地方本级预算内财政收入不低于人均 100 元，总收入不少于 6 000 万元。

还有针对其他类型县改市的标准，在此不一一介绍。

四、城乡差异

城乡之间既有联系也有差异，城乡差异主要体现在以下几个方面：

（一）集聚规模差异

与乡村相比，城市的人口、产业和公共服务设施密集程度要高很多。

（二）职能差异

城市是工业、商业、交通、文教的集中地，是一定地域的政治、经济文化的中心，非农人口比例高，职业和技能多元化；而乡村则主要依附于土地，农业人口占比较高，因此乡村的职能相对单一。

（三）景观差异

城市中的景观主要有高密度的建筑，大尺度的公共设施，以建筑、街道、雕塑等人工环境为主；而乡村的建筑密度较低，公共设施规模和尺度较小，人工环境与林地、耕地等自然环境相融合。

（四）社会结构和生活方式差异

城市中人口数量较多，且具有多元性和异质性，部分社会联系需要在不认识的人之间进行，并在此基础上建立了超越家庭或者宗族之上的社会规则，因此日常生活中更加强调法律和规范的条文；而乡村的人口数量少，且同质性较强，社会关系主要是在熟人之间进行，因此传统的习俗和惯例起到很重要的约束性作用。我们经常可以看到很多村庄都是以村中的主要姓氏来命名的，比如江村、谭家堡等。

练一练

单项选择题：

1. 城市是一个复杂的社会现象，目前世界上（　　）以上的人口居住在城市。

A. 30%　　B. 40%　　C. 50%　　D. 60%

【解析】答案为 C。当前全球的城镇化超过 50%，但是仍低于 60%，我国的城镇化水平与全球城镇化水平接近。

2. 城市是以人造景观为主要特征的聚落景观，包括土地利用的多样化、建筑的多样化和空间利用的多样化，它是以（　　）为主的一种地理环境。

A. 自然环境　　B. 人造物　　C. 人文景观　　D. 人造物和人文景观

【解析】答案为 D。城市是以人造物和人文景观为主的地理环境。

多项选择题：

城市和乡村作为两个相对的概念，二者之间存在着一些基本的区别，其中包括（　　）

A. 集聚规模的差异　　B. 主要职能的差异

C. 生产关系的差异　　D. 文化观念差异

【解析】答案为 A、B、D。城市和乡村之间存在集聚规模、职能和文化观念的差异，但生产关系不一定存在差异，在城市中有从事制造业的受雇者，乡村中也可以有专门从事农业的受雇者。

知识点 2 城镇化

学前思考

谭××于2004年4月带着妻子从湖北农村老家来到晋江。2004年6月，他的孩子出生。之后孩子从幼儿园到小学，都在晋江就近入学，如今已上六年级。两三年前，因为晋江各方面的人才优待政策和公司完善的福利，他把全家的户口迁到晋江。

庄××以前是晋江的村民，住的是平房，前几年房子拆掉重新建设，去年新房建成，350多平方米的平房换成了700多平方米的安置房。庄××的家里人都在做生意、打工，早就不种地了。曾经破破烂烂的乡村现在由5个自然村综合成了一个社区，村民的生活水平逐渐提高了。

通过这两个故事可以发现这两位村民发生了什么样的变化呢？大家可以思考以下问题：什么是城镇化？其含义和表现特征是什么？城镇化和城市化这两个概念的区别和联系是什么？世界城镇化的历史过程和整体趋势是什么样的？

知识重点

一、城镇化的界定

城镇化就是农业人口和农业用地向非农业人口和城市用地转化的现象及过程，具体包含以下几个方面：

（一）人口职业变化

由农业转为非农业的第二、第三产业，农业人口不断减少，非农业人口不断增加。

（二）产业结构变化

工业革命后，工业不断发展，第二、第三产业比重不断提高，第一产业比重相对下降。工业化的发展也带来农业生产的现代化，农村剩余劳动力转向城市的第二、第三产业。

（三）土地和空间环境的变化

农业用地转变为非农业用地，由比较分散的低密度的居住形式转变为连片的、高密度的居住形式；由与自然环境接近的空间形态转变为以人工环境为主的空间形态。城市的公共服务设施较为全面和完备。

二、城市化与城镇化的异同

我们经常会听到两个概念：城市化和城镇化，那么这两个概念有区别吗？中国设有镇的建制，人口规模不少与国外的小城市相当，人口不仅向“市（city）”集聚，而且向“镇（town）”转移，这可以看成是中国特色城镇化的一个特点，市和镇之间在发展水平和政策上也有明显差异。为了显示这种与国外的差别，有学者把“Urbanization”译为“城镇化”。

如果将市和镇的人口进行区分的话，可以分狭义的城市化和广义的城市化。狭义的城市化只包括县城和县级以上城市的人口集聚，不包括镇人口；而广义的城市化则完全等于城镇化，包括市和镇的居民。

我们以 2010 年人口普查数据为例，看看这两个概念会有什么样的区别：2010 年全国第六次人口普查结果显示，我国居民数量为 13.3 亿人，其中市人口为 4.04 亿人，镇人口为 2.66 亿人，乡村人口为 6.63 亿人；其中市人口占城镇人口的 60.3%，镇人口占比为 39.7%（蔡继明，2016）。

三、城镇化水平的测度

将城镇常住人口占区域总人口的比重作为反映城镇化过程的最主要指标，统称为“城镇化水平”或“城镇化率”，这一指标既直接反映人口的集聚程度，又反映了劳动力的转移程度。这一指标目前在世界范围内被广泛采用，并应用这一指标作为城镇化进程阶段划分的重要依据。

城镇化率的计算公式如下：

$$PU=U/P$$

式中：PU——城镇化率；

U——城镇常住人口；

P——区域总人口。

应用这个公式可以测度国家、省、市、县等不同行政单元的城镇化率。

四、世界城市化的趋势

古代城市是指工业化之前的城市，这些城市主要基于农业社会，城市人口长期保持在稳定水平，占区域总人口的比例也较低。而近代城市化起始于 18 世纪的西欧，产业革命之后，出现现代化的工业大生产，资本和人口在城中集中，农民向城市集中，城市用地范围扩大，村镇变成城市，城市又变成大城市。

在世界城市化历史上曾经有过三次浪潮：第一次浪潮发端于欧洲，以英国为代表，与工业革命发展相伴随，基本上在19世纪末实现城市化；第二次浪潮是以美国为代表的北美洲的城市化，1860年美国的城市化率为20%，1950年达到64.2%；第三次浪潮发生在拉美及其他发展中国家，南美诸国在1930年的城市化率为20%左右，到2000年城市化率为75.5%。非洲2010年城市化率为38.9%。

未来到2030年，全球大城市人口的数量会继续增长，但是增长最快的区域将由亚洲转移至非洲，非洲城市的人口增长率将居于各大洲之首，除日本之外亚洲城市人口仍将保持较快速度增长，而欧洲的城市将延续低速增长的趋势。

各国城镇化过程中会呈现一些共性的趋势。其中一个规律就是城镇化发展并不是匀速的，而是随着城市化率水平提升，呈现缓慢发展、加速发展、稳定发展。该历程可以用S形曲线标示，这一规律由美国城市地理学家诺瑟姆发现并提出，所以又称为“诺瑟姆曲线”（陈明星等，2011）。就城市发展速度而言，城市化过程可以分为三个阶段（见图1－3）：第一阶段为城市化的起步阶段，城市化率低于30%，农业占经济的主体，人口分散分布，城市人口只占很小的比重；第二阶段为城市化的加速阶段，此时的城市化率大约为30%~70%，经济社会活动高度集中，第二、第三产业增速超过农业且占GDP比重越来越高，制造业、贸易和服务业的劳动力数量也持续快速增长；第三阶段为城镇化的稳定阶段，城市人口比重超过70%，但仍有乡村从事农业生产和非农业来满足城市居民的需求，当城市化水平达到80%时增长就变得很缓慢。

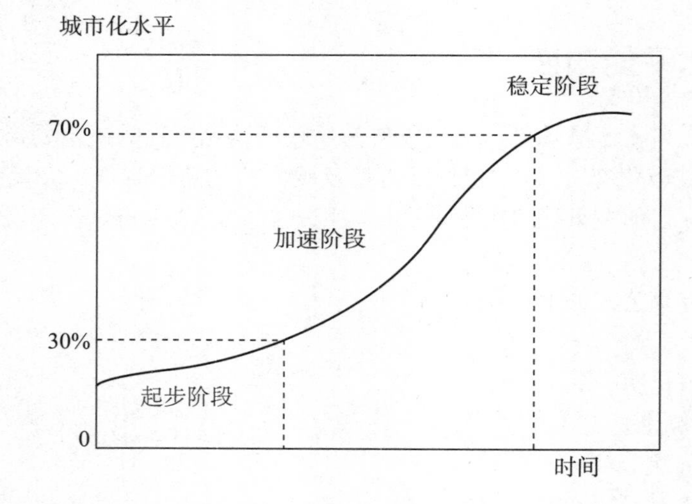

图1－3　城市化过程的三个阶段

就城市的发展形态而言，大部分国家的城市化进程会经历四个阶段：城市化、郊区化、逆城市化和再城市化。不同阶段除城市增长速度具有明显差异之外，其人口的空间分布、产业结构也有很大的不同。

城市化：城乡差异明显，人口与产业等要素从乡村向城市单向集聚；

郊区化：住宅、商业、事业部门以及大量的就业岗位持续向郊区迁移；

逆城市化：随着郊区化进一步发展，不仅市区人口持续外迁，郊区人口也向更外围的区域迁移，出现了大都市区人口负增长的局面；

再城市化：面对城市中由于大量人口和产业外迁导致的经济衰退、人口贫困、社会萧条等问题，许多城市开始调整产业结构，发展高新科技产业和第三产业，积极开发城市中心衰落区，努力改善城市环境和提升城市功能，吸引一部分特定人口从郊区回流至中心城市。

五、城镇化带来的变化

了解了城镇化的一般趋势之后，接下来的一个问题就是城镇化到底会给我们的社会和经济带来什么样的变化呢？整体而言，在全球范围内，比较富裕的国家都已经完成快速城市化进程，进入城市社会。如图 1－4 所示，图形的纵坐标为城市化率，横坐标为人均国民生产总值，各个点表示全球各主要国家的城市化率和人均国民生产总值。从趋势上而言，随着城市化的提高，国家的经济发展水平也会相应提升。

城市化并非只是城市人口比例的增长，城市化率相同条件下，不同国家和区域经济社会结果具有明显差异。相同或者类似的城市化水平下，不同国家社会经济发展状态会有差异，最明显的案例就是比较欧美发达国家与拉美发展中国家，虽然拉美国家的城市化水平已经很高，但是仍未跨出中等收入陷阱。实际上，在第二次世界大战之后，通过城镇化能够成为经济发达国家的案例在所有中等国家中的占比恰恰不是多数而是少数。在 20 世纪 60 年代的 101 个中等收入国家中，只有 13 个国家通过城镇化成为高收入国家（国务院发展研究中心、世界银行，2014）。

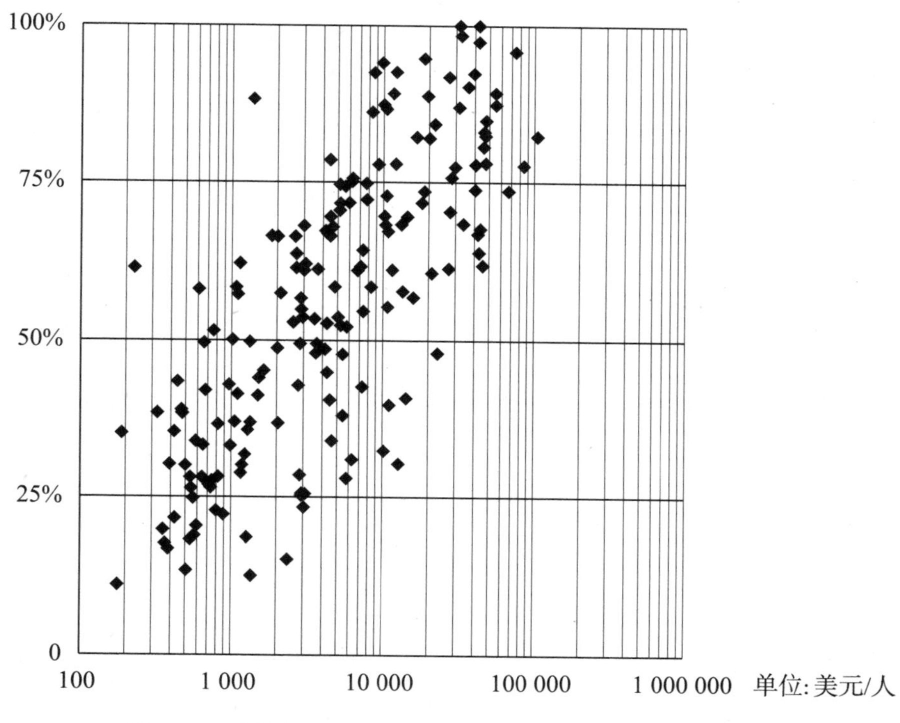

图 1－4　世界各国 2010 年城镇化率和人均国民生产总值分布

在城市化率增长速度并不明显的情况下，技术、科技创新带来的进步仍然可以推动经济的快速发展。如图 1－5 所示，这是 1950 年至 2010 年期间，中国、美国、英国、日本、韩国、新加坡、巴西、墨西哥的城镇化率变化。其中美国在此期间城镇化率从 64.2% 增至 82.3%，日本则由 34.9% 增加至 66.8%，而中国则由 11.8% 增加至 49.35%。其中，美国城镇化率在此期间增长幅度最少，但是在此期间它的国民生产总值仍然增加了近 50 倍，从 2 938 亿美元增加至 145 107 亿美元；同期，中国的国民生产总值增加了 182 倍，从 328 亿美元增加至 59 847.1 亿美元；日本的国民生产总值增加了 196 倍，从 278 亿美元增加至 54 588.7 亿美元；而巴西、墨西哥虽然城镇化率增长较快，但是财富的增长速度与以上几个国家相比则明显要差很多。

相同城市化水平下，同一国家或者区域人口、经济和社会的变化不同。例如，在北美，虽然整体上城市人口仍然在增长，但是，美国铁锈地带很多城市却由于传统制造业的衰落而呈现人口减少的趋势；同样，日本虽然在 2005 年之后全国的人口在减少，但是东京都市圈的人口仍然会在相当长的一段时期内保持增长趋势。

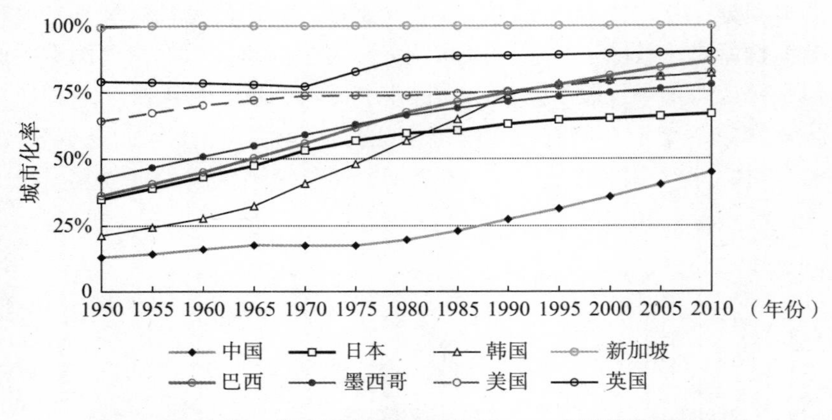

图 1－5　中国、美国等国家 1950 年至 2010 年城镇化率变化图

练一练

多项选择题：

1. 下列选项中，属于再城市化阶段的特征的有（　　）。

A. 城市规模再度扩张，人口数量猛增

B. 交通拥堵

C. 市中心服务设施改善，部分人群返回城市

D. 制造业地位明显下降，服务业快速提升

【解析】答案为 C、D。再城市化阶段，城市规模扩张并不明显，人口数量虽有所增长，但不是快速增长；交通拥堵作为城市问题可能发生在城市化各个阶段，而不是再城市化阶段的明显特征；再城市化阶段，由于市中心服务设施改善，会吸引部分人群返回城市，与此同时，城市中的服务业也快速提升，制造业的地位明显下降。

2. 依据时间序列，城市化进程一般可以分为（ ）四个基本阶段。

A. 城市化阶段 B. 郊区化阶段 C. 城市化迟滞阶段

D. 逆城市化阶段 E. 再城市化阶段

【解析】答案为 A、B、D、E。城市化进程可以分为城市化、郊区化、逆城市化、再城市化四个阶段。在发展时虽然会出现城市化迟滞的现象，但是，并不会作为一个独立的发展阶段。

知识点 3 中国的城镇化道路

学前思考

2014 年 3 月 16 日，新华社发布中共中央、国务院印发的《国家新型城镇化规划（2014—2020 年）》，规划指出："改革开放以来，伴随着工业化进程加速，我国城镇化经历了一个起点低、速度快的发展过程。1978—2013 年，城镇常住人口从 1.7 亿人增加到 7.3 亿人，城镇化率从 17.9% 提升到 53.7%，年均提高 1.02 个百分点；城市数量从 193 个增加到 658 个，建制镇数量从 2 173 个增加到 20 113 个。京津冀、长江三角洲、珠江三角洲三大城市群，以 2.8% 的国土面积集聚了 18% 的人口，创造了 36% 的国内生产总值，成为带动我国经济快速增长和参与国际经济合作与竞争的主要平台。……在城镇化快速发展过程中，也存在一些必须高度重视并着力解决的突出矛盾和问题。大量农业转移人口难以融入城市社会，市民化进程滞后。……'土地城镇化'快于人口城镇化，建设用地粗放低效……"

以上是我国国家新型城镇化规划中对于我国城镇化成就和问题的总结。在学习本知识点的内容之前，请各位同学先思考几个问题：我国城镇化的主要发展阶段和特征是什么？什么是新型城镇化？什么是市民化？

知识重点

一、我国城镇化的历史沿革

我国城镇化的发展大致可以分为以下几个阶段：

第一阶段（1949—1957 年）：工业化建设推动下的城镇化发展

这一阶段主要包括中华人民共和国成立后的三年恢复时期和"一五"建设时期，尤其是在"一五"时期，我国开始有计划地推进以重工业为重点的建设，在城市的发展目标方面也是强调城市建设要为工业服务，这些从当时的一些口号中就可以看出来，比如“先生产、后生活”，“变消费城市为生产城市”。这个时期我国施工的工业建设项目超过一万个，其中大中型项目有 921 个，其中也包括苏联援建的 156 个重点工程。这些工业建设的完成为我国打下了比较坚实的工业基础。

而就城镇化来说，这一阶段开始时，城乡之间人口流动还是比较自由的，到了后期，为适应服务工业生产为主的经济体系，开始逐步建立农产品统购统销、城乡人口（劳动）流动限制制度，城乡之间、城市与城市间的人口流动变得越来越困难。这一阶段城镇化率水平提高较快，如图 1－6 所示，城镇化率从 10.6% 提高到 15.4%，大概年均提高 0.53%。从城市发展类型和分布来说，工业城市发展比较快，尤其是重点建设的八大城市：西安、太原、兰州、包头、洛阳、成都、武汉和大同，国家投入了大量资源，优先发展（周干峙等，2014）。整体来说，这段时期的工业化和城镇化进程还是比较协调的。

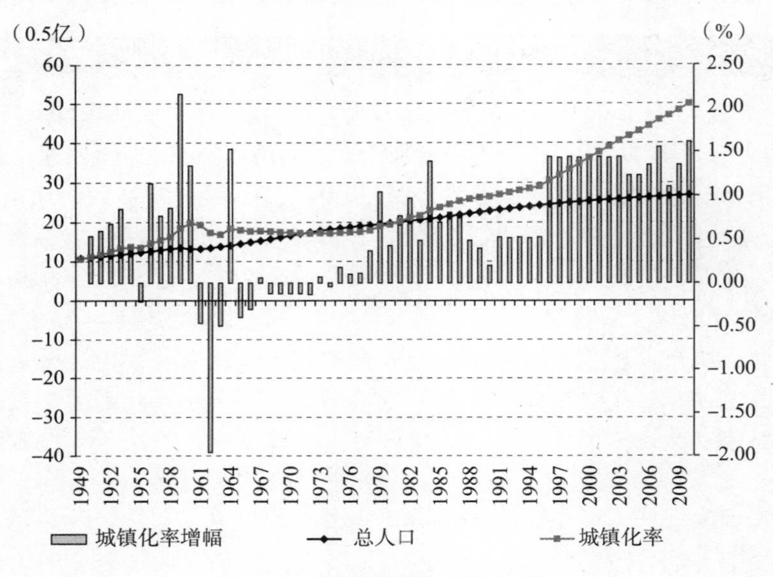

图 1－6　我国城镇化率变化图

资料来源：周干峙，邹德慈．中国特色新型城镇化发展战略研究（第一卷）．北京：中国建筑工业出版社，2013.

第二阶段（1958—1977 年）：工业化建设推动下的城镇化发展

1958—1960 年，我国发生了席卷全国各行各业的“大跃进”运动，工业发展和城镇建设也不能幸免。在此三年期间，全国城镇化水平从 15.4% 猛增至 19.8%。由于城镇化水平增长过快，城市人口快速增长，远远超过粮食和其他物资的供给，因此不得不压缩基建项目、疏解城镇人口、建立户籍制度对城乡人口流动进行管制，结果导致 1961—1963 年，全国城镇人口减少 2 600 多万，城镇化率产生负增长；后又通过新的政策撤销一些不够条件的市、缩小郊区、调整镇的建制等手段进一步缩小城镇的规模；开始提倡城市建设中工农结合、城乡结合、有利生产、方便生活的“大庆模式”，即推进非城镇化的工业化道路。

1964 年开始进行“三线建设”，城市建设指导思想是要“分散、靠山、隐蔽”，强调不建设集中城市，大量的项目投资到比较偏远的西部地区，也形成了一些诸如攀枝花、酒泉、德阳等新兴工业城市。

1966 年“文化大革命”开始，经济发展让位于政治运动，城市建设也陷入停滞，部分城市人口由于“上山下乡”运动还疏解至乡村，城镇化率也长期保持在同一水平，十年没有太大改变。

第三阶段（1978—1994 年）：改革开放后沿海地区以乡镇企业和小城镇发展为重要特征的城镇化

1978 年我国开始实施改革开放政策，逐步建立市场经济。最初的改革重点在农村，通过全面实施农村家庭联产承包责任制，促进了农村经济的发展，也释放出了农村富余劳动力。而乡镇企业的发展则吸收了大量的农村富余劳动力，成为这一阶段中国城镇化的重要特征。1984 年乡镇企业吸收非农就业人数超过 5 000 万，占到全国非农就业比例的 30.1%。费孝通先生对于这种以乡镇企业为主体、以小城镇为载体的城镇化方式，用“小城镇、大问题”来总结其重要性。整体而言，这种自下而上的城镇化模式在沿海地区效果更为显著。而在不同地区，乡镇企业的发展动力、农村富余劳动力的转移方式仍然存在较大差异，其中比较典型的有苏南模式、温州模式、广东模式（珠江模式）。

苏南模式是 20 世纪 80 年代开始，在我国苏州、无锡、常州地区出现的一种依靠乡镇集体所有制企业发展，吸引本地村民从事非农就业的农村城镇化形式。其主要特点是自下而上，农民依靠自己的力量发展乡镇企业，这些乡镇企业的所有制结构一般都采用集体所有制；基层的乡镇政府主导乡镇企业的发展，并通过市场机制来参与竞争。

温州模式是指浙江省东南部的温州地区以家庭工业和专业化市场的方式发展非农产业，从而实现村民从事非农就业的农村城镇化形式。与苏南模式中集体所有制企业为主导的竞争主体不同，温州模式中主要通过以家庭为单位进行小商品的生产和销售。其主要特点是自上而下，依托家庭或者家族企业，所提供的产品大部分是生产规模、技术含量和运输成本都较低的小商品，但是通过专业化分工和区域内协作，实现规模优势，服务大范围内的专业产品市场。

广东模式又称珠江模式，同样也是一种自下而上的城镇化方式，但其主要动力来自于外来资本，依靠对广东省珠江流域中以广州、深圳等市县靠近香港的区位优势，吸引大量外来的农村转移人口，发展外向型的工业经济。其主要特点是依托外来资金和政策优势，实现外来农村剩余劳动力的异地城市化，参与国际和国内的市场竞争。

这一时期我国的城市发展方针主要是“控制大城市规模，合理发展中等城市，积极发展小城市”，而在 1978 年国务院颁发的文件（《关于加强城市建设工作的意见》）中也强调“控制大城市规模，多搞小城镇”。

这一阶段我国城镇化水平开始明显提升，城镇化率从 17.9% 上升到 28.5%，年均提高 0.62 个百分点，每年有接近 800 万农村人口涌入城镇。虽然，这种以乡镇企业为主要驱动、以小城镇为主要载体的城镇化模式活跃了市场经济，推动了经济发展，缓解了物资匮乏，解决了大量农村富余劳动力，但同时也由于技术和资金不足，造成了严重的环境污染，土地利用粗放低效，人员工资难以稳步提升。由于大部分乡镇企业在产业链中处于较低位置，所以大部分利润都被处于上游的外资所获取，在面临外部竞争日趋激烈的情况下，其弊端则更加明显。

第四阶段（1995—2012 年）：分税制改革后城镇化快速发展时期

这段时期，我国全面深化市场改革，建立了土地有偿使用制度，实施住房分配货币化政策，房地产业蓬勃发展，加入世界贸易组织，全面融入全球经济。同时，在政策上有了两个大的调整：一是分税制改革，调整中央和地方政府收支结构，地方政府在税收中所占比例下降，中央政府所占比例提高；二是中央加大了对于耕地保护政策的实施力度，实施最严格的耕地保护制度，建设用地资源逐渐向城市集中。

市场改革的持续推进，全面融入全球经济体系，极大地拓展了我国跨区域的城镇化，大量的农村富余劳动力离土离乡，跨区域就业，资本、劳动力、土地三者在沿海地区、大城市周边集聚，形成高密度的城市集聚区，也形成了京津冀、长三角、珠三角三大城市群；同时，在成渝地区、长株潭等地区新的城市群也在逐步形成，城市群成为我国城镇化的重要载体。

在高度城镇化的同时，也产生了很多的问题：经济发展的创新能力不足，经济增长粗放，资源消耗严重，收入分配的差距拉大，农村、农业、农民问题仍然没有解决，经济增长内需不足，过分依赖出口和投资。在此背景下，2003 年我国开始调整发展战略，提出科学发展观，强调城乡之间、区域之间、经济与社会之间、人与自然之间、国内发展与对外开放之间的“五个统筹”发展。城镇化发展策略上强调“大中小城市和小城镇协调发展，积极稳妥地推进城镇化”。

这段时期的城镇化高速发展，全国城镇化率从 1995 年的 29%，提高到 2012 年的 52.6%，平均下来每年的城镇化增长率大概有 1.4%，这也意味着每年有接近 2 000 万的农村人口涌入城镇。到了 2012 年年底，全国城镇人口达到 7.2 亿人，而同期的农村人口为 6.42 亿，城镇人口已经超过农村人口。

第五阶段（2012 年以后）：实施新型城镇化战略

针对我国城镇化人口多、资源相对短缺、生态环境比较脆弱、城乡区域发展不平衡的特征，我国政府提出要遵循城镇化发展规律，走中国特色新型城镇化道路。

与传统城镇化相比，新型城镇化的“新”体现在以下几个方面：一是更加关注人的城镇化，注重保护城镇化过程中农民以及农民工的利益；二是更加注重内涵式的发展和效率的提升，不是简单的城市人口比例增加和规模扩张，强调在产业支撑、人居环境、社会保障、生活方式等方面实现由“乡”到“城”的转变，实现城乡统筹和可持续发展；三是更加强调城市群的作用，强调以城市群为单元，统筹区域、城乡基础设施网络和信息网络建设，深化城市间分工协作和功能互补，加快一体化发展。

二、我国城镇化的特点

整体来说，我国城镇化主要有以下四个特点：

（一）城镇化速度较快

图 1－7 所示为全球主要国家在其快速城镇化时期城镇化率的增加值。我国在 1978 年至 2016 年期间，城镇化率由 17.92% 增至 57.35%，城镇化率年均增加 1.03 %，这在全球主要国家中排在前列。东北亚国家中，韩国、日本快速城镇化的速度要更快一些，韩国在 1960—1990 年城市化率增幅超过 45%，年均增幅超过 1.5%，日本在 1950—1980 年城市化率增幅也接近 40%，年均增幅约为 1.3%。此外，沙特阿拉伯、安哥拉、海地、马来西亚快速城市化时期，城市化率的增速也超过中国。但是，以上这些国家人口规模都远远小于中国，因此城镇人口增加的规模对于全球城镇化的影响也相对小很多。而我国城镇化的特点就是在保持较快增幅的同时，人口城镇化的规模超过人类历史上任何一个国家。

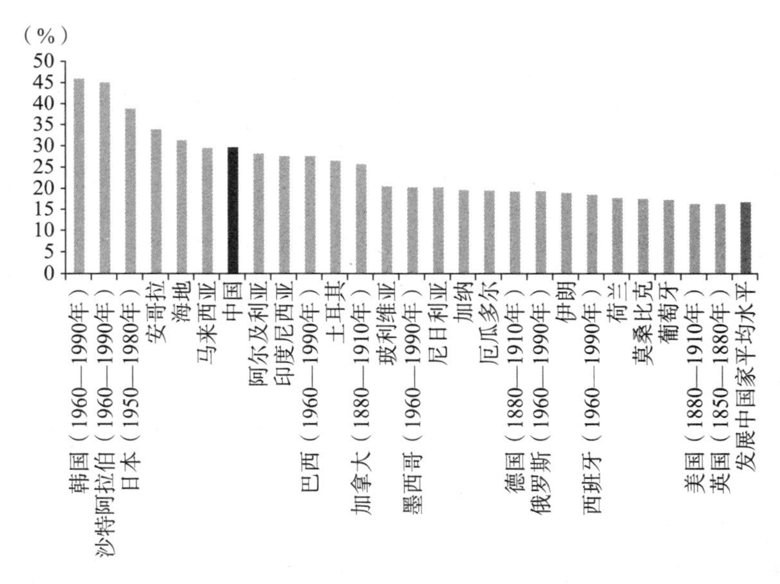

图 1－7　全球主要国家快速城市化时期的城市化率增长幅度比较

资料来源：国务院发展研究中心，世界银行. 中国：推进高效、包容、可持续的城镇化. 北京：中国发展出版社，2014.

（二）我国城镇化的规模在历史上前所未见

我国城镇化率增长速度并不是最快的（例如，韩国在快速城镇化时期，三十年内城镇化率增加了 45%，年均增长 1.5%），但是就规模而言，我国年均 1.01% 的城镇化率增长也意味着平均每年我国有超过一千万的农村人口涌向城市。一千万人口接近于欧洲国家比利时、希腊和葡萄牙的全国人口，略低于非洲国家乍得、南苏丹的人口，超过亚洲国家塔吉克斯坦和老挝的人口。

（三）地区之间城镇化发展水平不均衡

整体来说，我国沿海地区和东北地区城镇化率比较高，中部地区次之，西部省份城镇化率较低。如图 1－8 所示，在 2015 年，城镇化率比较高的广东省城镇化率为 68.7%，江苏省为 66.5%，浙江省为 65.8%，而城镇化率比较低的广西壮族自治区城镇化率为 47.1%，云南省城镇化率为 43.3%，贵州省城镇化率为 42%，西藏自治区的城镇化率最低，为 27.7%。所以，在我国国家内部，各省之间的城镇化率差异很大，有的已经接近北美、欧洲国家，有的还处于发展中国家的平均水平。

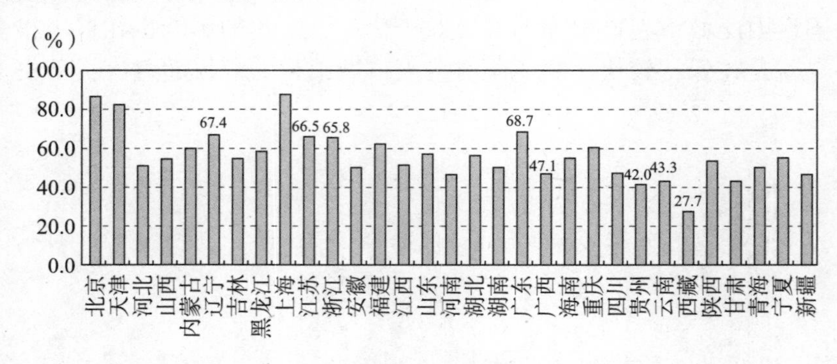

图 1－8　2015 年全国分区域城镇化率比较

资料来源：中华人民共和国国家统计局 . 中国统计年鉴 2016. 北京：中国统计出版社，2016.

（四）市民化速度滞后于城镇化速度

所谓市民化是指农民进入城市并成为市民的过程，这里包括获得市民的身份，享受市民的基本公共服务待遇。城市化的本质其实是人口市民化。

我国现在一般统计城镇化率时都是以城镇人口口径计算的，既将镇域行政区内的农村户籍人口统计为城镇人口（例如，城中村中的很多本地村民，其户籍并未随着城镇化而转变），又将在城镇居住半年以上的农民工等外来人口统计为城镇人口，但实际上这两部分人群并没有享有所在城镇的市民身份和基本公共服务待遇，就是说并没有实现市民化。未来我国城镇化的重要目标就是要让这两类人群获得市民的身份，享受市民的基本公共服务。

练一练

多项选择题：

中华人民共和国成立以来，我国城镇化发展总体趋势呈现的基本特征有（　　）。

A. 城镇化过程已经进入了持续、加速和健康发展阶段

B. 城镇化发展经历了由东部向西部推进的过程

C. 东部沿海地区城镇化总体上快于西部地区

D. 地区之间城镇化水平差异性依然存在

【解析】答案为 B、C、D。我国城镇化过程中仍然存在很多问题，从发展速度来说已经处于高速发展阶段，所以 A 选项不正确。我国城镇化进程整体上是东部沿海地区发展最早，然后逐步向中西部地区推进，东部沿海地区的城镇化水平整体上快于西部，地区之间城镇化水平仍然存在较大差异。

复习思考

1. 城市产生的社会与经济基础是什么？

2. 全球三次城镇化浪潮所覆盖的区域和产生的影响有何不同？

3. 我国城镇化发展不同阶段中，出现的主要问题是什么？如何在下一阶段的城镇化政策中加以改善？

4. 我国城镇化当前面临的挑战是什么？新型城镇化政策如何应对这些挑战？

参考文献

[1] 蔡继明，张胜君，杜帼男．我国城市化相关概念辨析 [J]. 学习论坛，2016，32(5): 29-33.

[2] 陈明星，叶超，周义．城市化速度曲线及其政策启示——对诺瑟姆曲线的讨论与发展 [J]. 地理研究，2011，30(8): 1499-1507.

[3] 费孝通．小城镇大问题（之三）——社队工业的发展与小城镇的兴盛 [J]. 瞭望周刊，1984(4): 11-13.

[4] 国务院发展研究中心，世界银行．中国推进高效、包容、可持续的城镇化 [M]. 北京：中国发展出版社，2014.

[5] 谭纵波．城市规划 [M]. 北京：清华大学出版社，2005.

[6] 吴志强，李德华．城市规划原理 [M]. 4 版．北京：中国建筑工业出版社，2010.

[7] 叶裕民．中国城市化之路——经济支持与制度创新 [M]. 北京：商务印书馆，2001.

[8] 周干峙，邹德慈，王凯．中国特色新型城镇化发展战略研究：第一卷 [M]. 北京：中国建筑工业出版社，2014.

第二单元

城市规划发展回顾

Unit

学习导引

同学们好！欢迎你们来到“城市规划与设计”课程的课堂，本单元将带大家回顾城市规划的发展历程，从而深入地理解什么是城市规划、城市规划是如何产生的等相关基础知识，最后将目光集中于我国城市规划体系的发展历程，带大家了解我国当前城市规划体系的形成路径。

学习目标

学完本单元内容之后，你能够：

（1）理解城市规划的定义与分类；

（2）了解现代城市规划产生的社会背景、发展历程以及代表性思想；

（3）了解中国城市规划体系的发展历程，掌握城乡规划的法规系统、技术系统。

知识结构图

图 2－1 为本单元内容的整体框架，主要包含三部分内容：规划的定义与分类、现代城市规划的产生与发展、我国城市规划体系发展回顾。

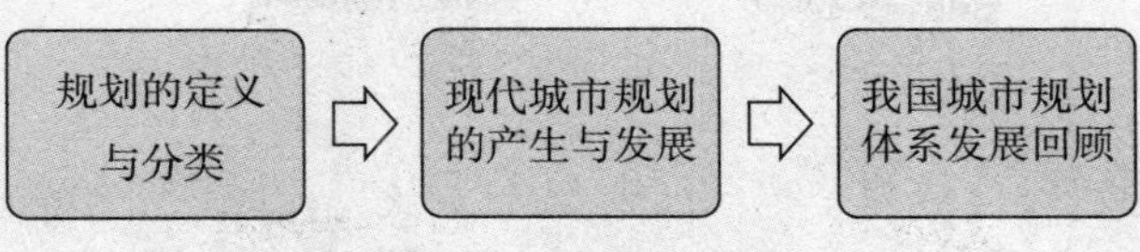

图 2－1　知识结构图

通过本单元知识结构图，大家可能对本单元要学的内容结构已经有了初步了解，那么接下来我们就按照这个框架来逐一学习各个知识点的内容。

知识点 1 规划的定义与分类

学前思考

在我们的日常生活中，常常能听到“规划”这个词，大到《中华人民共和国国民经济和社会发展第十三个五年规划纲要》，小到个人的人生发展规划，都在不断地为“规划”注入来自不同领域、不同层面的不同含义。当我们将规划应用到城市的建设、发展与管理中时，它又代表了什么含义呢？

知识重点

一、规划的含义

“规划”二字给大家的第一印象是什么？也许大多数人会感觉到它代表了一种秩序，这种秩序源自通过规划实现的对于未来的一种确定性设计，规划通过确定一个未来目标，并编制一个有条理的行动流程，给人们一种使预定目标得以实现的保障。

规划包含两层含义：一是刻意去实现某些任务，这些要实现的任务就是规划的内容；二是指为实现某些任务而把各种行动纳入某些有条理的流程中，这种在一定的流程设计下的各类行动就是实现规划的手段。我们常见的规划可以分为以下三种类型：

（一）经济规划

大家应该都知道著名经济学家亚当·斯密提出的“看不见的手”这一说法，自由市场是近代资本主义经济发展的一大特点，但是，随着 1929—1933 年“大萧条”等资本主义经济危机的不断产生以及凯恩斯主义等经济学理论的发展，经济计划越来越成为弥补市场缺陷的基础性手段。用科学的方式预先规划生产和分配过程，实现高效率生产、充分的就业和经济的持续增长成为经济规划的核心使命。

马克思主义者提出的阶级斗争理论、凯恩斯主义者和新自由主义者提倡的个人主义等都为经济规划提供了理论上的支持，这就使得无论是采取何种社会制度或经济形态，经济规划作为经济管理的重要技术手段，成为国家经济政策与项目布局的最终集合，“国民经济与社会发展的五年规划”等至今仍发挥着重要的作用。

（二）物质发展规划

传统的经济规划是由经济学家和政治家主导的，物质发展规划则是由工程师、建筑师等主导的。随着中产阶级的不断发展壮大，人们在土地、住房、基础设施建设等一系列物质的生产、消费、分配领域产生了重重的矛盾，为解决这些问题，以物质分配为导向、注重通过技术手段解决社会问题的物质发展规划快速地发展。

传统的城市规划就是一种典型的物质发展规划，其特点是从建筑学、美学以及工程建设等领域入手，着重考虑城市物质空间形态的技术性处理。

（三）政策分析型规划

政策分析学派起源于美国，并在探索高效且具有影响力的公共行政方式过程中得以发展。随着经济全球化进程的加快以及新经济形态的不断产生，以科学预测为基础的传统技术导向的规划方式面对越来越复杂的社会问题日益捉襟见肘，多元社会群体的不断出现更是推动着传统规划的转型。在此背景下，交流、协商、过程公平等越来越成为社会治理关注的核心问题，以政治分析为导向、以平衡多元利益为目标的规划模式越来越成为现代社会多元合作治理的重要手段。

无论是经济规划、物质发展规划还是政策分析型规划，它们都作为一个政治过程，涉及不同利益之间的博弈；与此同时，无论是何种规划，其规划的核心使命都是促使被规划对象达成共识。

二、规划的分类

规划按照主题、地域、期间、精度等不同要素可以分为不同的类型，见表2-1，不同要素的组合会产生不同的规划类型。以城市总体规划为例，根据城市总体规划在主题、地域、期间、精度等四个方面的特征，我们可以总结出城市总体规划是一种市域范围内的涵盖构想、规划、实施的中长期综合规划。

表2-1　不同类型规划的划分

主题	地域	期间	精度
综合规划	超国土规划	长期	基本构想
土地利用规划	国土规划	中期	规划
交通规划	区域规划	短期	实施
绿地规划	市域规划		项目
住房规划	村庄规划		

三、认识城市规划

城市规划的具体概念在不同国家有所差异。美国国家资源委员会将城市规划定义为“是一种科学、一种艺术、一种政策活动，设计并指导空间的和谐发展，以适应社会与经济的需要”。日本的城市规划专业教科书中，将城市规划定义为“以实现城市政策为目标，为达到实现运营城市功能，对城市结构、规模形态系统进行规划设计的技术”。在我国，城市规划被看作是对一定时期内城市的经济和社会发展、土地利用、空间布局以及各项建设的综合布局、具体安排和实施管理。

总的来看，我们很难用几句简单的话来概括城市规划的具体定义，不同的国家、不同的地区对城市规划都会产生不同的认识。因此，我们可以从城市规划的要素和特点入手来认识城市规划。

（一）城市规划的要素

1. 一定的空间单元

城市规划必须要有一个明确的空间范围，这个空间范围就是我们通常所说的城市规划区。城市规划区一般包含已建成的城市地区、在规划期内即将由非城市利用形态向城市利用形态转化的地区，以及限制这种转化活动的地区。在这一地区中，开发、建设等相关活动都需要按照城市规划预先给出的方式进行。

2. 社会经济目标的工具手段

城市规划具有技术性特征，其目标是通过对城市的各种功能进行空间上的安排，实现城市的社会、经济等诸多发展目标。城市规划本身不是目的，也不可能取代城市经济目标本身的制定工作，城市规划必须与相应的社会经济发展计划相配合，才能真正发挥其作用。

3. 以物质空间作为工作对象

城市规划的关注对象是作为物质实体的城市和城市空间。城市规划是将各类发展目标具体落实到城市空间上去的手段。无论是道路交通建设，还是医疗教育资源的投入，都需要通过城市规划具体落实到城市建设和空间布局上去。

4. 政策性因素和社会价值判断

城市功能在空间分布上具有排他性，因此城市规划必定包含政策性因素，社会价值的判断作为影响政策判断的重要因素，在城市规划中也发挥着重要的作用。

（二）城市规划的特点

1. 多学科综合性

多学科综合性是城市规划的一个首要特征。首先是对象的多样性，由于城市本身就是一个复杂的巨型系统，具有多种多样的活动，在进行城市规划时必须协调好各种城市活动之间的矛盾，在空间上为化解城市社会的矛盾做出妥善合理的安排；其次是研究解决问题的综合性，由于规划对象具有多样性，因此城市规划必然涉及诸多领域的问题，这些问题的解决必然涉及相关学科的知识、理论和技术；最后，城市规划实施过程包括控制性内容和建设性内容，前者与企业经营、政府财政、工程技术等领域密不可分，后者则涉及公共管理、法律、政治等相关领域。因此，城市规划所包含的学科领域是很难进行严格界定的，具有多学科的综合性特征。

2. 具有公共政策属性

由于各种城市功能在空间分布上具有排他性，因而任何一个城市规划都包含政策性因素。城市规划的不同层面体现出不同的政策性因素，小到马路宽度、绿地面积等技术性指标，大到耕地保护等国家战略，都需要作为城市公共政策的城市规划来进行规范和调整。

3. 长期性

城市在不断地发展变化，因此城市规划是永无止境的，这就是城市规划的长期性所在。

4. 实践性和地方性

城市规划不但要以先进的思想和理论作为指导，更重要的是要具有可操作性。其核心的目标不在于规划图的制作，而在于应用到城市发展的实践中去。此外，不同的地区、不同的社会经济情况和自然条件都会对城市规划产生不同的影响，因此，因地制宜是城市规划实现的必要条件，城市规划是一项地方性很强的工作。

练一练

单项选择题：

通过制定城市规划优先发展轨道交通，而非大量扩建城市道路，以限制小汽车的使用，这体现了城市规划的哪个特点？（　　）

A. 具有公共政策属性　　B. 长期性　　C. 实践性　　D. 地方性

【解析】答案为 A。通过城市规划来引导城市建设的方向，鼓励公共交通而限制小汽车的使用，以缓解城市交通压力，改变市民的交通出行方式，这体现了城市规划具有公共政策属性的特征。

知识点 2　现代城市规划的产生与发展

学前思考

本知识点主要讲述西方现代城市规划产生的背景和主要发展阶段，在上课之前希望大家思考以下问题：现代城市规划产生的社会背景是什么？它受到了哪些不同思想理论的影响？第二次世界大战之后，城市规划思想发生了什么样的转变？

知识重点

一、现代城市规划产生的社会背景

（一）城市问题的集中爆发

社会科学领域的进步都是在解决社会遇到的现实问题中实现的，城市规划也是如此。近代工业革命为社会带来巨大财富的同时，也给城市的发展带来了日益尖锐的矛盾。例如，工业污染与居住环境恶劣、缺乏必要的公共基础设施、人口集聚后流行病爆发、高密度环境下的土地产权问题凸显等现代城市问题不断涌现，现代城市规划正是为了解决这些问题而产生的。

（二）社会思潮的不断发展

托马斯·莫尔在 16 世纪提出了空想社会主义的乌托邦。针对资本主义社会带来的城乡之间的脱离和对立、私有制和土地投机等行为产生的种种矛盾，莫尔设计了一个由 50 个城市组成的乌托邦，城市规模要受到控制以免城市与乡村脱离，公共食堂、公共医院等基础设施都在其设计之内。随着资本主义的不断发展，其社会矛盾也日益尖锐，一些空想社会主义者针对当时的社会弊端提出了改良的思想。罗伯特·欧文于 1852 年组建了“新协和村”，进行合作式生产试验；傅立叶则提出以法郎吉为名的生产者联合会，将生产与生活组织在一起，并在美国进行了试验。

（三）政府干预的不断尝试

除了社会思想家们的社会性实验，政府也在不断尝试着通过公共干预来解决社会矛盾，英国于 1848 年颁布的《公共卫生法》便是其典型的代表。1800 年至 1840 年，英国逐渐开始以城市为单位进行公共基础设施的建设，但是城市基础设施的建设并没有从根本上解决市民居住问题，尤其是劳动者阶层的居住状况长期得不到改善，因此，英国尝试通过立法的形式来限制住房私有化，以改善市民的整体居住状况。《公共卫生法》开创了公权对私权进行限制的先河，它的制定和实施被认为是近代城市规划的开端。

（四）规划思想的接续发展

1898 年，英国人埃比尼泽·霍华德的《明天—— 一条通向真正改革的和平道路》一书出版，向人们展示了他理想中的“田园城市”的概念（见图 2－2）。“田园城市”思想主要包括：城市与乡村要相结合，在城市周围设置永久性的农业用地，作为防止城市无限扩大的手段；限制单一城市的人口规模；实行土地公有制，由城市的经营者掌管土地，并对租用的土地实行控制，将城市发展过程中产生的经济利益的一部分留给社区；在此基础上，还要设置生产用地以保障城市中大部分人的就近就业。霍华德的“田园城市”理论在西方城市规划的发展历史上具有重要的里程碑式意义。

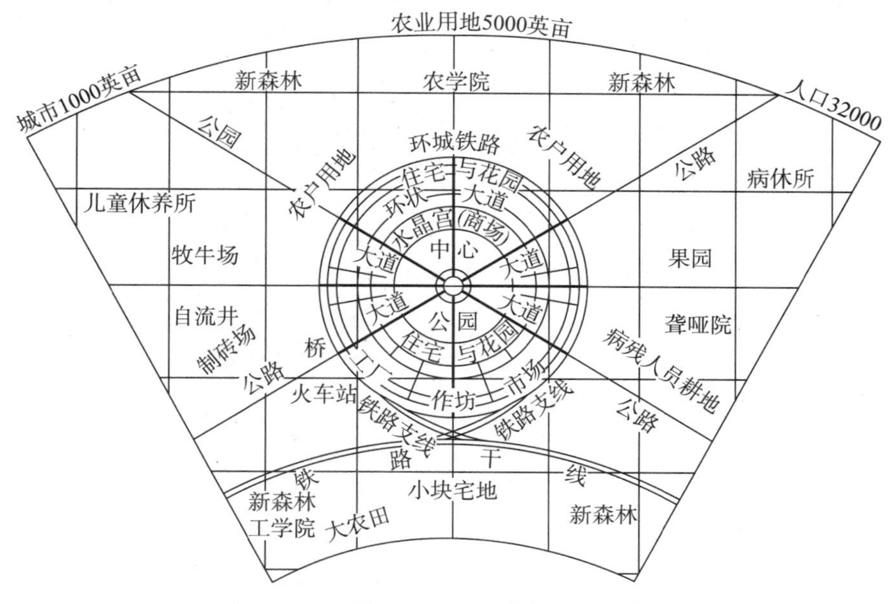

图 2－2　田园城市

资料来源：霍华德 . 明日的田园城市 . 金经元，译 . 北京：商务印书馆，2010.

随着工业化进程的不断加快，以勒·柯布西耶为代表的建筑师们在充分利用近代工业技术的基础上提出以工业化时代的城市功能尺度、风格和景观来取代传统的城市中心，柯布西耶的“明日城市”这一概念就是其典型的代表。1922 年，柯布西耶出版了《明日之城市》一书，全面地阐述了他对未来城市的设想，他笔下的明日之城的突出特点就是城市的空间尺度巨大，高层建筑之间留有大面积的绿地，城市外围建设大量公园，并采用立体交叉的道路与铁路系统，通过高容积率、低建筑密度的技术手段来疏散城市中心、改善交通，为市民提供绿地、阳光和空间。明日城市示意图如图 2－3 所示。

图 2－3　明日城市

资料来源：勒·柯布西耶. 光辉城市. 金秋野，王又佳，译 . 北京：中国建筑工业出版社，2011.

美国建筑师赖特则在20世纪30年代提出了广亩城市这一概念，他认为随着汽车和电力工业的发展，已经没有把一切活动集中于城市的必要，将居住空间和工作岗位进行分散疏解将成为未来城市规划的原则。这一思想与柯布西耶主张的集约的城市规划理念形成了对立。广亩城市示意图如图2-4所示。

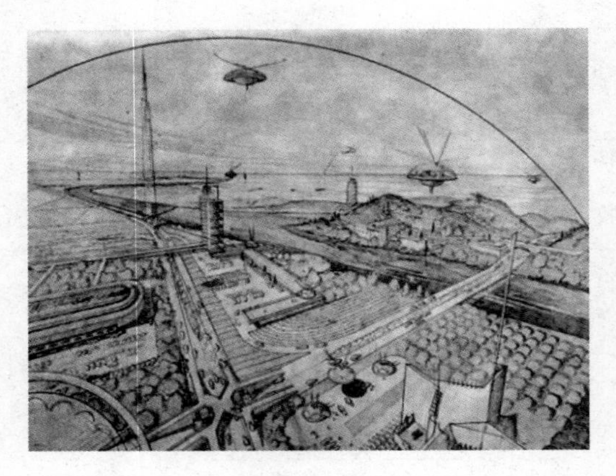

图2-4 广亩城市

资料来源：勒·柯布西耶.光辉城市.金秋野，王又佳，译.北京：中国建筑工业出版社，2011.

纽约作为美国的第一大城市，是美国城市规划发展历程的重要见证者。随着纽约城市的不断扩张，城市中心过度开发的现象日趋严重，居住条件日益恶化，为彻底改变这种情况，纽约市于1916年颁布了全美第一部区划条例，运用法律手段来约束土地的使用。纽约市区划条例第一次从公共利益出发，对私人用地进行了综合管理，其目的是控制曼哈顿地区过度开发所造成的摩天大楼林立和人口密度过高等问题，保护曼哈顿地区作为高级办公区和零售商业区的房地产价值。

（五）规划专业出现

随着城市规划在城市发展和管理方面的不断运用，规划作为一种专业出现在了社会分工体系之中。规划行业包含多种学科，但又不同于以往学科，它是以利益协调为手段、以社会改良为目标的专业。区别于关注物质形态设计的建筑学专业，规划专业不仅仅关注物质空间，同时也关注空间中的社会经济活动；区别于地理学，规划专业不仅研究城市空间发展的客观规律，同时还关注改造和影响空间结构的集体行动；区别于经济学专业，规划不仅关注生产效率，同时也更加关注社会资源的再分配，关注社会公平。规划专业的发展也带来规划行业组织和教育机构的出现，例如，英国利物浦大学在1909年成立了城市规划系。

二、第二次世界大战后城市规划思想的转变

（一）理性规划

20世纪60—70年代的西方城市规划理论可以用三个词来概括：系统、理性和控制论。

系统工程和数理分析的大量推广、大型计算机的出现都为理性规划提供了技术支撑，城市规划工作中开始大量运用数理模型。在这一时期的规划理论中，城市规划编制的程序更加强调理性，理性主义成为主导的规划思想。理性主义规划理论认为，规划方案是对城市现状问题的理性分析和推导的必然结果。在理性主义使规划变得越来越严密的同时，城市规划也变得过于技术化、专业化，越来越让人看不懂，城市规划距离普通大众渐行渐远。

理性主义规划的弊端显而易见，即局限于物质形态规划的工具性规划对城市中的社会问题关心太少。

（二）倡导性规划

随着社会民主化程度的不断发展，整个社会的政治权力和组织形式都产生了翻天覆地的变化，公众利益逐渐走入人们的视野，成为公共政策的新的出发点。传统的规划方式也遭到了质疑，单凭规划师个人审美和技术设计完成的规划到底能不能营造出一个安定的社会，受到了公众的质疑。倡导性城市规划理论就是在这一时期被提出的，倡导性规划理论是第一个号召规划师们努力实现自下而上规划和多元规划的理论。

倡导性规划理论指出，传统的理性规划缺少对公众利益的考虑，只能代表少数人的价值观，是一种“自上而下”的贵族式的规划，这种规划无法获得社会的广泛认同，不符合社会民主化发展的趋势。因此，应当鼓励市民广泛参与到规划过程中来，去掉技术权威，才能真正做出顺应社会发展的合理的规划。

（三）对现代主义规划的批判

简·雅克布斯于 1961 年出版的《美国大城市的死与生》一书被一些学者称作当时规划界的大地震。简·雅克布斯在书中对规划界一直奉行的最高原则进行了无情的批判，她在书中指出城市中大面积绿地与犯罪率的上升是有联系的，现代主义和柯布西耶推崇的现代城市的大尺度空间布局是对传统文化多样性的破坏；她强调注意保护城市的多样性，并指出当今的规划师以抽象的“科学性”“客观”的理性逻辑取代了丰富、多样、复杂的城市生活；她批判大规模的城市更新，并认为国家投入大量的资金，只是让政客和房地产商获利，而平民百姓都是旧城改造的牺牲品，市中心贫民窟被推平，大量的城市无产者却被驱赶到了近郊区，在那里建造起新的贫民窟。简·雅各布斯本人并不是一位规划师，而是一位新闻记者。通过她的观察和批判，规划师们开始注意到“我们到底要为谁做规划”这一问题。

（四）协作式规划

20 世纪 70 年代以来，随着城市社会多元化的不断发展，不同的价值观和生活方式导致的社保制度的社会矛盾日益激化，群体间的冲突此起彼伏，这又给城市规划提出了新的要求。经过对传统理性规划的不断反思，协作式规划应运而生。协作式规划除了强调多方参与、利益协调之外，更注重场所营造和制度建设。该理论的代表人物是希利。

协作式规划强调邀请利益相关方进入规划程序，共同体验、学习和建立一种公共的分享过程，同时要求不同产权所有者采用辩论、分析与评定的方式，通过合作达成共同目标。在这一过程中，政府、规划师、专家、开发商、公众以及其他利益相关者都应该参与进来。

练一练

单项选择题：

以下哪位是协作式规划理论的代表人物？（　　）

A. 希利　　B. 柯布西耶　　C. 简·雅各布斯　　D. 霍华德

【解析】答案为 A。希利主张多方参与、利益协调，强调注重场所营造和制度建设，是协作式规划理论的代表人物。

知识点 3　我国城市规划体系发展回顾

知识重点

我国城市规划体系在不同时期有不同的特点。那么，城市规划体系的发展经历了哪些阶段？各个阶段的特点分别是什么？城乡规划的法律体系、技术体系和开发控制体系分别是什么？

一、计划经济时期的城市规划体系

计划经济时期，国民经济计划有着至关重要的地位，它掌握并决定城市发展的重点、速度以及规模（邹德慈，2005）。城市规划是国民经济社会发展计划的继续和具体化（李浩，2016）。

这一时期的重点任务是以工业建设带动城市化，甚至一度希望走“非城市化的工业化道路”（邹德慈，2002）。各级经济计划部门编制国民经济社会发展计划，按照“全国、省（自治区）、市、区县”的顺序，确定国家级和省级重点投资项目。城市总体规划在市级国民经济和社会发展计划的指导下，综合国家级项目规划和省级项目规划编写。城市规划部门整合各类项目空间选址和布局，形成城市总体规划和修建性详细规划，其主要内容为场地设计，进而指导工程设计，可以说是一切为了工业化的快速发展。计划经济时期的城市规划体系示意图如图 2－5 所示。

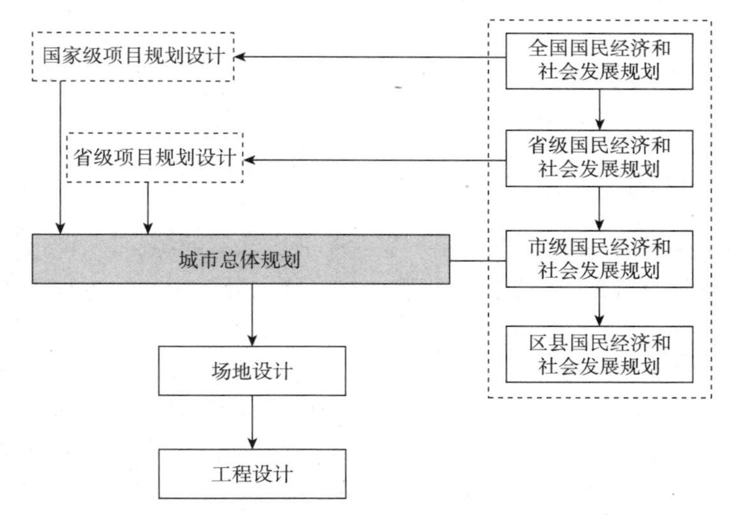

图 2－5　计划经济时期的城市规划体系示意图

二、市场化转型后的城市规划体系

市场化转型后的城市规划更多体现了地方政府社会经济发展意向。各级土地利用总体规划成为保护自然资源（特别是耕地资源）、控制地方过度开发的有力政策工具。在市场化转型后的规划体系中，国民经济与社会发展规划不再占据主导地位，虽然国民经济与社会发展规划仍然对经济社会运行起着重要的引导作用，但是市场在国家宏观调控下的资源配置中发挥基础性作用；并且在原来的基础上，城镇规划体系得到了扩充与完善，在城市总体规划之上，增加了全国和省域的城镇体系规划系统；同时，为了辅助城市的规划与发展，土地利用总体规划占据了规划系统的重要地位。市场转型后的规划体系示意图如图 2－6 所示。

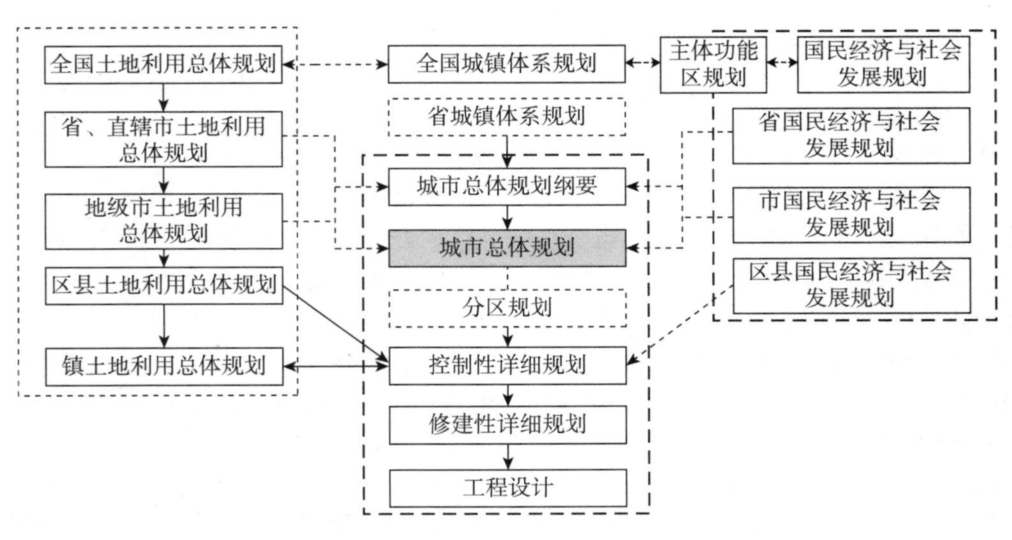

图 2－6　市场转型后的规划体系示意图

三、城乡规划法规系统

（一）城乡规划的法律框架

城乡规划的法律框架如图 2－7 所示。宪法是所有法律的源头，具有最高的法律效力，在我国，任何法律不得与宪法相抵触。行政法规专指国务院制定的行政法律规范，是国务院在管理国家各项行政工作中，依据宪法和法律制定的各类法规总称。行政法规是对宪法的实施，其有两个分支，特殊行政法和一般行政法。一般行政法又分为行政处罚法和行政程序法。《中华人民共和国城乡规划法》（以下简称《城乡规划法》）从属于特殊行政法，与规划相关的法律，如《中华人民共和国土地管理法》（以下简称《土地管理法》），也属于这个范畴。以上法律是城乡规划法规系统的第一层级。

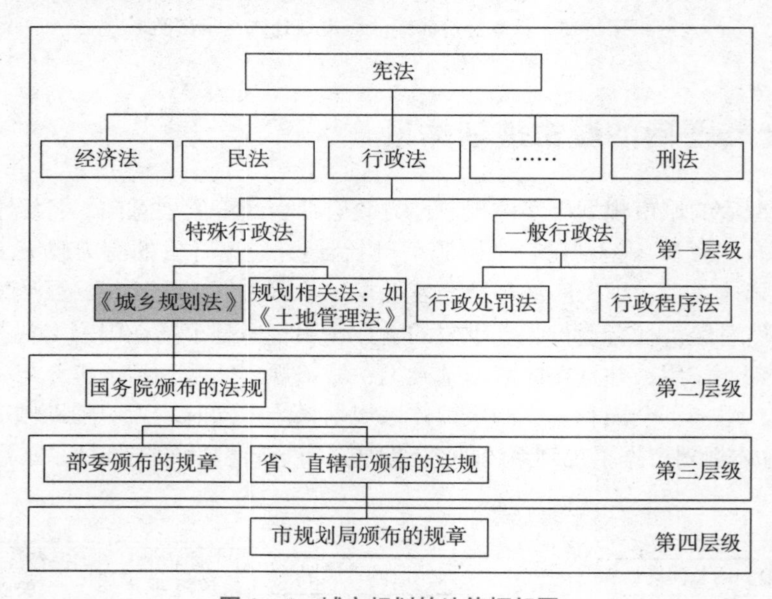

图 2－7　城市规划的法律框架图

在《城乡规划法》的总指挥下，国务院颁布的相关法规归纳到城乡规划法规系统的第二层级。部委颁布规章是对《城乡规划法》和国务院颁布法规的实施，其法律效力略低，但能够指导全国范围内的规划工作；省、直辖市颁布法规与部委颁布规章同属于第三层级，专门指导地方性规划工作。部委颁布规章即部门规章，是国务院各部、委员会等具有行政管理职能的机构，参考第一、第二层级法规，是在本部门权限内制定的规章。省、直辖市颁布法规则被称为地方政府规章，依据第一、第二层级法规，以及地方性法规进行编制。第四层级则是市规划局颁布的规章。每一层级的法律规章要符合上一层级的要求，在上一层级的框架基础上进行细化和补充，既要统筹全局，又要因地制宜。

《中华人民共和国城市规划法》（以下简称《城市规划法》）于 2008 年 1 月 1 日废止，取而代之的是《城乡规划法》。《城乡规划法》是约束城乡规划行为的准绳，是城乡规划领域的基本法，它强调城乡规划管理，协调城乡空间布局，促进城乡经济社会全面协调可持续发展。那么，新的《城乡规划法》与旧的《城市规划法》有什么区别呢？为什么要设置新法？

1. 规划体系差异

由“城市规划”转变为“城乡规划”，调整一个字使得法律面向的对象从城市走向城乡，将原来城乡二元的法律体系转变为城乡统筹的法律体系。《城市规划法》指导编制城市规划，一般分为城市总体规划和详细规划两个阶段，在总体规划的基础上也可编制分区规划。《城乡规划法》中规定，城乡规划是有关城镇、乡村建设和发展的规划体系，包括城镇体系规划、城市规划、镇规划、乡规划和村庄规划，城市规划分为总体规划和详细规划，详细规划包括控制性详细规划和修建性详细规划。在新法中，城市和乡村的关系不再是分割的、独立的，而是朝向一体化发展。

2. 规划区范围界定

旧法的城市规划区是指城市市区、近郊区以及城市行政区域内因城市建设和发展需要实行规划控制的区域，具体范围根据地方城市总体规划划定；新法中所称的规划区是指城市、镇和村庄的建成区以及因城乡建设和发展需要，必须实行规划控制的区域。规划区具体范围根据地方城市经济社会发展水平和统筹城乡发展的需要划定。显然，新法规划区的范围更广，覆盖更全面，更为强调城乡统筹建设。

3. 公众参与

旧法强调规划部门的作用，新法则强调公众参与和社会监督。《城市规划法》没有重视公众参与，仅规定“城市规划经批准后，城市人民政府应当公布”①。而根据新法，今后城乡规划报批前应向社会公告，且公告时间不得少于 30 天。组织编制机关应当充分考虑专家和公众的意见，并在报送审批的材料中附具意见采纳情况及理由。村庄规划在报送审批前，还要经村民会议讨论同意。除法律、行政法规规定不得公开的内容之外，城乡规划经批准后应及时向社会公布。

（二）城乡规划行政体系

城乡规划行政体系由不同层次的城乡规划行政主管部门组成，包括国家城乡规划行政主管部门，省、自治区、直辖市城乡规划行政主管部门和城、镇城乡规划行政主管部门。国家城乡规划行政主管部门即中华人民共和国住房和城乡建设部，由内设机构城乡规划司负责具体的工作。省、自治区的城乡规划行政主管部门为住房和城乡建设厅（也有称为建设厅），由内设机构城乡规划处负责具体工作。直辖市城乡规划行政主管部门为市规划局，市、县则为规划局，或称建委、建设局。根据不同的行政事权界定，城乡规划主管部门也存在不同的称谓，例如上海市规划和国土资源管理局。

城乡规划主管部门的职权是对各自行政辖区的城乡规划工作依法进行管理，各级行政主管部门对同级政府负责，上级城乡规划行政主管部门对下级城乡规划行政主管部门进行业务指导和监督。

---

① 孙忆敏，赵民．从《城市规划法》到《城乡规划法》的历时性解读——经济社会背景与规划法制 [J]. 上海城市规划，2008（2）：55-60.

《城乡规划法》及相关法律法规，赋予城乡规划行政主管部门以行政决策权、行政决定权和行政执行权。

1. 行政决策权

城乡规划行政主管部门拥有对其具有管辖权的管理事项做出决策的权力，如核发“一书两证”即《建设项目选址意见书》《建设用地规划许可证》《建设工程规划许可证》。

2. 行政决定权

行政决定权即城乡规划行政主管部门依法对管理事项的处理权，以及法律法规中未明确规定事项的决定权。处理权能够调整建设用地的使用方法，决定权可以对制定管理需要的规范性文件或依法对某些规定内容的执行做出行政解释。

3. 行政执行权

行政执行权即城乡规划行政主管部门依照法律法规或参照上级部门的决定等，对其行政辖区内具体执行管理事务的权力，如贯彻执行以法律程序批准的《城乡规划法》。

四、城乡规划技术系统

《城乡规划法》第二条规定:“本法所称城乡规划,包括城镇体系规划、城市规划、镇规划、乡规划和村庄规划。城市规划、镇规划分为总体规划和详细规划。详细规划分为控制性详细规划和修建性详细规划。”根据战略性和实施性城乡规划二元划分的标准，各种城镇体系规划都是战略性规划。仅仅对于城市而言，总体规划（城市、镇）是战略性规划，详细规划是实施性规划。

战略层面的城乡规划将会同土地利用总体规划、主体功能区规划整合成空间规划。如图2－8所示，城市总体规划纲要与城市总体规划无论是在城市、城镇规划系统中，还是乡村或者空间规划系统中，都起着至关重要的作用。在城市、城镇规划系统中，总体规划是上位规划；在乡村规划系统中，城市总体规划指导乡规划；在空间规划系统中，城市总体规划是重要的组成部分。

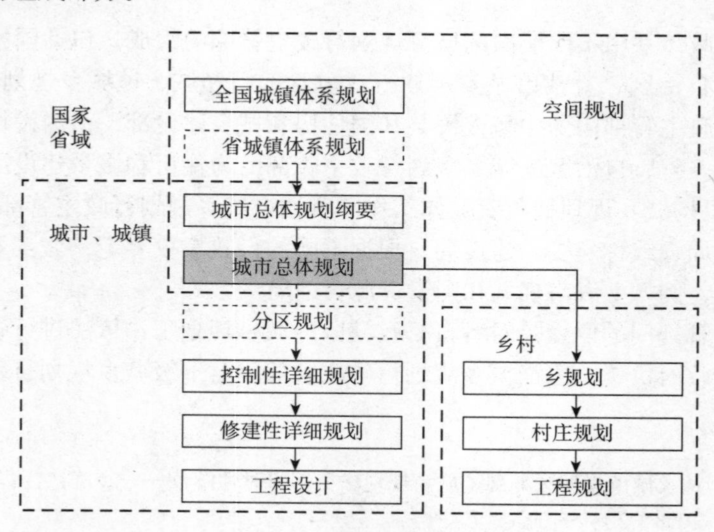

图2－8 城乡规划技术体系图

2018年，国务院进行机构调整，涉及宏观战略层面的规划分别由国家发展和改革委员会、住房和城乡建设部调整至新组建的自然资源部，通过多规合一的方式，整合建立统一的空间规划体系。该工作会对原有的城乡规划体系产生深远的影响。

五、城乡规划开发控制体系

开发控制是指依照土地利用规划为土地开发项目颁发开发许可的制度。随着国内市场经济转型和房地产市场蓬勃发展，我国逐步建立起以颁发“一书两证”为主要内容的开发控制体系。在城市地区，“一书两证”包括《建设项目选址意见书》《建设用地规划许可证》《建设工程规划许可证》。在乡村地区，还有《乡村建设规划许可证》，增加到“一书三证”。

开发控制体系类型包括：判例式、通则式、混合式。接下来将举例说明这三种类型的特点。英国的开发控制体系为判例式，即对土地开发项目颁发开发许可采取“具体问题具体分析”的方法，没有具体的规范标准，具有高度的自由裁量权。产生这一模式的背景是英国政府认为发展规划并没有赋予任何人开发权，只是作为发展意图的陈述，因此符合发展规划的申请不一定能获得规划许可，地方政府有权决定不遵循发展规划。在美国和欧洲大陆国家，如果开发计划和区域或者其他规划控制完全一致，申请人自动获得土地开发项目的许可，任何阻止土地所有者开发的行为都会被视为侵犯私有财产，即为通则式开发控制体系。中国香港则采用判例式和通则式的综合开发控制体系，称为混合式。①

开发控制的依据主要有法律规范依据、城乡规划依据、技术规范依据和政策依据。法律规范依据主要指《城乡规划法》及其配套法规和相关法律法规，包括当地省、自治区和直辖市依法制定的城乡规划地方性法规、政府规章和其他规范性文件。《城乡规划法》规定，无论是核发建设用地规划许可证，还是建设工程规划许可证，都应当将控制性详细规划作为最重要依据，即城乡规划依据。技术规范标准依据则是指国家、各省、自治区、直辖市等不同层级制定的技术规划、标准。各级人民政府为城市建设和管理制定的各项政策与城乡规划的运作密不可分，因此开发控制离不开政策依据。

复习思考

1. 市场经济国家与实施计划经济的国家对于城市规划的定义有何差异？
2. 请简述《城乡规划法》与《城市规划法》的主要差异。
3. 城乡规划开发控制体系有哪些类型？请举例说明。
4. 改革开放之后，随着我国市场经济的发展，城乡规划体系的结构和内容发生了什么样的变化？
5. 规划按照其所覆盖的地域范围可以分为哪些层级？京津冀协同发展规划纲要属于哪个层级？

---

① 田莉. 论开发控制体系中的规划自由裁量权[J]. 城市规划，2007，31（12）：78-83.

参考文献

[1] 霍华德 . 明日的田园城市 [M]. 金经元，译 . 北京：商务印书馆，2010.

[2] 勒·柯布西耶 . 光辉城市 [M]. 金秋野，王又佳，译 . 北京：中国建筑工业出版社 . 2011.

[3] 李东泉 . 从公共政策视角看 1960 年代以来西方规划理论的演进 [J]. 城市发展研究 , 2013, 20(6): 36-42.

[4] 李浩 . 论新中国城市规划发展的历史分期 [J]. 城市规划 , 2016, 40(4) : 20-26.

[5] 孙忆敏 , 赵民 . 从《城市规划法》到《城乡规划法》的历时性解读——经济社会背景与规划法制 [J]. 上海城市规划 , 2008(2): 55-60.

[6] 谭纵波 . 城市规划 [M]. 清华大学出版社，2016.

[7] 田莉 . 论开发控制体系中的规划自由裁量权 [J]. 城市规划 , 2007, 31(12): 78-83.

[8] 吴志强，李德华 . 城市规划原理 [M]. 4 版 . 中国建筑工业出版社，2010.

[9] 袁媛 , 刘懿莹 , 蒋珊红 . 第三方组织参与社区规划的协作机制研究 [J]. 规划师 , 2018, 34(2): 11-17.

[10] 袁媛 , 蒋珊红 , 刘菁 . 国外沟通和协作式规划近 15 年研究进展——基于 Citespace Ⅲ 软件的可视化分析 [J]. 现代城市研究 . 2016(12)

[11] 邹德慈 . 中国现代城市规划发展和展望 [J]. 城市 , 2002(4): 3-7.

[12] 邹德慈 . 新时期的中国城市发展和城市规划 [J]. 规划师 , 2005(12): 5-7.

第三单元

城市规划的影响因素

Unit

学习导引

同学们好！欢迎你们来到“城市规划与设计”课程的课堂，之前几节课我们一起学习了什么是城市规划，了解了我国城市规划的发展沿革和规划体系。但是，城市规划是一项复杂的系统，一个城市规划的制定要在经济、社会、生态环境、人口、空间、土地等各个方面对城市未来20年甚至更长时间做出统筹安排，面对日益多变的城市状态，城市的决策者和规划师是如何满足现实需求并谋求长远发展的呢？在城市规划的过程中要考虑哪些影响因素呢？这些因素又是如何影响一个城市的发展的呢？本单元我们将一起来了解一下城市规划的影响因素。

学习目标

学完本单元内容之后，你能够：

（1）了解经济、社会人口以及生态环境对城市规划的影响；

（2）理解城市经济发展、人口和生态环境的相关理论；

（3）掌握经济与产业发展的分析方法、人口和社会的分析方法。

知识结构图

图3－1为本单元内容的整体框架，主要包含三部分内容：经济影响因素、社会与人口影响因素、生态环境影响因素。接下来我们将在这个整体框架的指引下逐一学习每个知识点的具体内容。我们要从不同的角度理解城市规划的影响因素，并思考：这些因素对城市未来的发展会产生哪些影响？城市规划需要解决未来城市发展中将要出现的哪些问题？

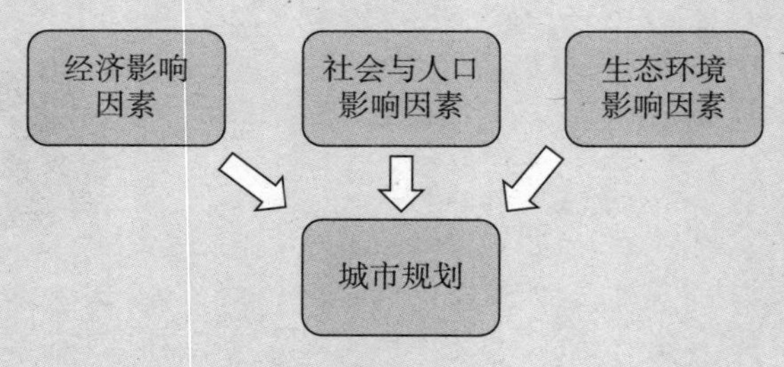

图 3-1 知识结构图

通过本单元知识结构图，大家可能对本单元要学的内容结构已经有了初步了解，那么接下来我们就按照这个框架来逐一学习各个知识点的内容。

知识点 1 经济影响因素

学前思考

城市经济发展是指城市经济运动的总演化过程，是城市作为一个整体的经济规模的扩大与质的提高。值得注意的是，我国东中西部受地域条件限制和历史原因影响，不同城市间经济的发展水平严重不平衡，已经显现出与整体经济发展要求不相适应的局限性。为什么有些城市比其他城市更具生产力？密度的环境和社会成本是什么？为什么会有贫民区？城市何以兴衰起落？为何某些地方的房价如此昂贵？城市规划对于城市经济会产生哪些影响？经济与产业又是如何影响城市规划的？

知识重点

我国城市规划的发展对城市经济已经产生了深刻的影响，特别是改革开放以来，随着国家经济与城市化的快速增长，城市规划已成为实现城市经济和社会发展目标的关键环节。城市规划是对一定时期内城市发展的战略部署，是城市各项建设和管理的依据。在市场经济条件下，城市规划本质是对城市的经济、社会、环境发展进行的宏观引导和调控。

一、经济视角的“城市”

前面我们一起学习了什么是城市，早期人类的居民点由于产生交换经济而逐渐演化成市，城市最初的形成也因此具备了经济属性。

（一）城市的经济特征

从经济学的视角来看，城市与乡村有着本质的区别，城市的经济特征包括三个方面的基本特征：

1. 高度集聚性

城市内部有限的空间内聚集了大量的人口，各种产业和经济活动在空间上集中产生的经济效果以及吸引经济活动向一定地区聚集，这是城市产生的基本因素，也是城市区别于乡村的最基本特征。

2. 农业剩余

农业发展带来了充足的农业剩余，而这恰恰是城市发展的必备因素，第二、第三产业是城市发展的基础。农业剩余包括产品、劳动、资本三个方面。农业资本剩余越大，工业与城市发展越快，城市化水平越高。

3. 市场交易中心

我们在第一单元学习过城市的起源，很多城市的产生都是因“市”而“城”，城市内部和城市之间交易农业剩余，而“市”就是交易的场所。在现代，工厂和居民聚集在城市中，通过生产产品或者提供服务获得生活必需品，城市的经济功能逐渐趋于多样化、综合化，城市的聚集性也不断增强。

（二）城市与经济的关系

那么城市是靠什么持续生存的呢？为什么“北上广深”会发展成为中国大陆经济实力最强的城市？答案就是“集聚经济”。集聚经济亦称聚集经济效益，是城市存在和发展的重要原因和动力。集聚经济是经济活动在地理空间分布上的集中现象，因此，不同的城市会呈现出不同的发展状态，城镇化水平越高，城市的经济发展水平越好，而经济发展越好的地区城镇化水平也越高。

总而言之，一个城市的发展和经济增长是相辅相成的，经济增长是城市发展的基础，而城市是经济发展的引擎，为经济发展特供了场所。必须要充分认识城市运行的规律，科学了解城市的经济发展对城市的需求，才能制定出有利于城市发展的规划方案。

市场运行的基本机制是竞争，市场机制是社会资源配置的最基础、最有效的途径，但是由于市场垄断的存在，竞争也会失效。不完善的市场机制及现实中的多种因素均会导致市场失灵。所以需要了解市场失灵的各种原因，从而提升城市规划各种政策在经济领域的针对性和有效性。

二、产业分类与产业结构

城市经济是一个独立的有机体，存在许多不同的产业部门，它们按照一定的结构和比例关系组织起来，推动城市经济运转和发展。产业是指由利益相互联系的、具有不同分工的、由各个相关行业所组成的业态总称。

（一）产业分类的维度

产业分类的维度一般有三种，分别是国民经济统计、生产要素、产业功能。

1. 按照国民经济统计进行分类

（1）第一产业：指以利用自然力为主，生产不必经过深度加工就可消费的产品或工业原料的部门，一般包括农业、林业、渔业、畜牧业和采集业。

（2）第二产业：指以对第一产业和本产业提供的产品（原料）进行加工的产业部门，包括国民经济中的采矿业，制造业，电力、燃气及水的生产和供应业，建筑业等。

（3）第三产业：指不生产物质产品的行业，即服务业，即除第一产业、第二产业以外的其他行业。

2. 按照生产要素进行分类

根据生产要素在不同产业中的密集程度，可以将产业分为：

（1）劳动密集型产业：指在投入的劳动力和资本这两种要素中，单位劳动占用的资本数量较多的那一类产业，产品成本中劳动耗费所占比重较大，而物质资本耗费所占比重较小。

（2）知识密集型产业（技术密集型）：依靠和运用先进、复杂的科学技术知识、手段进行生产的产业。其特点是设备、生产工艺等建立在最先进的科学技术基础上，科技人员在职工中的比重大，劳动生产率高，产品技术性能复杂。该种产业代表着一个国家科技和产业的最高发展水平，为国民经济各部门提供各种先进的劳动手段和各种新型材料等。

（3）资金密集型产业：单位劳动力占用资金较高的产业。其特点是人均占有资金较多，资本有机构成高，生产过程复杂，设备比较庞大，容纳劳动力较少，投资周期一般较长。石油、化学、冶金、造纸等重工业就属于资金密集型产业。从单位产品的成本构成来看，资金密集型产业单位产品成本中资金消耗量所占比重较大，活劳动消耗较少，劳动生产率较高。

3. 按照产业功能进行分类

根据产业在城市经济中所发挥的作用，可以大致分为三类：

（1）主导产业（专业化产业）：决定城市在区域分工格局中的地位与作用，对城市整体发展具有决定意义。

（2）辅助产业：围绕主导产业发展起来的，并能够为主导产业提供基本发展条件的产业。

（3）服务产业：为保证城市主导产业与辅助产业发展以及满足城市生活需要而形成的产业。

（二）产业结构演进的规律

1. 三次产业比重转变

随着经济的发展，人均国民收入的提高，产业结构类型存在由以第一产业为主的金字塔型产业结构，逐步向以第二产业为主的鼓形产业结构转变，再向以第三产业为主的倒金字塔型产业结构演进的规律。

2. 产业结构转变

产业的加工度提高和附加值增加，高加工度和高附加值产业在产业结构中越来越占优势地位，起主导作用。

3. 生产要素转变

受多重因素影响，产业结构先是以劳动密集型产业为主，然后转向以资本密集型产业为主，最后变为以知识技术密集型产业为主。

4. 进出口导向转变

在产业发展初期，主要产品依赖进口，随着生产技术的不断提高，国内开始生产出替代产品，当内部积累达到一定水平，替代产品开始出口，这种产业结构的调整又可以称为雁形理论或候鸟效应。

（三）主导产业选择应遵循的原则

产业是促进社会经济发展的动力，每个国家或地区经济的增长都以主导产业的增长为前提，主导产业的选择是一个城市发展战略定位的基础，也是城市经济实现全面协调可持续发展的必要前提。在选择主导产业的时候应该遵循以下几个原则：

1. 比较优势

比较优势的概念来源于国际贸易学，是指一个国家在生产某两种商品的时候生产效率比另一个国家低，但是其中一种商品的生产率差距没有另一种大，那么该国家就在这种商品上具有比较优势。

2. 产业关联

产业关联指各产业相互之间的供给与需求关系，在社会再生产的过程中，社会各产业之间存在着广泛的、复杂的、密切的联系，按产业间供给与需求的联系进行划分可以分为前向关联和后向关联。前向关联是指某些产业在生产工序上，前一产业部门的产品为后一产业部门的生产要素，这样一直延续到最后一个产业的产品，即最终产品为止；后向关联是指后续产业部门为先行产业部门提供产品，作为先行产业部门的生产消耗。

3. 产业周期与发展波动

产业的发展会经历从产生到衰落的生命发展周期，产业的生命周期是企业外部环境的重要影响因素，不同的产业发展阶段具有不同的特征。

（1）初创期。初创期也叫幼稚期，新产品刚诞生或者建成不久，初期的投资和产品的研究、开发费用较高，市场需求小。这一时期的市场增长率较高，需求增长较快，技术变动较大，产业中各行业的用户主要致力于开辟新用户、占领市场，但此时技术上有很大的不确定性，在产品、市场、服务等策略上有很大的余地，对行业特点、行业竞争状况、用户特点等方面的信息掌握不多，企业进入壁垒较低。后期，随着行业生产技术的提高、生产成本的降低和市场需求的扩大，新行业便逐步由高风险、低收益的初创期转向高风险、高收益的成长期。

（2）成长期。产品开始占据一定的市场份额，市场需求逐渐饱和，产品出现竞争者，此时，产品不能依靠扩大生产占据市场份额，而是需要加强技术革新，生产厂商不能单纯地依靠扩大生产量、提高市场的份额来增加收入，而必须依靠追加生产、提高生产技术、降低成本以及研制和开发新产品的方法来争取竞争优势，战胜竞争对手和维持企业的生存。

（3）成熟期。成熟期时间往往较长，在这一时期里，在竞争中生存下来的少数企业垄断了整个行业的市场，每个企业都占据一定的市场份额。新产品、新技术开发较难，行业进入的壁垒很高。产业的利润由于一定程度的垄断达到了很高的水平，而风险却因市场比例比较稳定、新企业难以打入成熟期市场而较低，其原因是市场已被原有大企业按比例分割，产品的价格比较低。因而，新企业往往会由于创业投资无法很快得到补偿或产品的销路不畅、资金周转困难而倒闭或转产。

（4）衰退期。衰退期开始出现新产品和替代产品，市场对原产品的需求量下降，企业利润下降，行业逐渐萎缩，直至逐渐解体。

图 3－2 为产业生命周期的一般化过程。

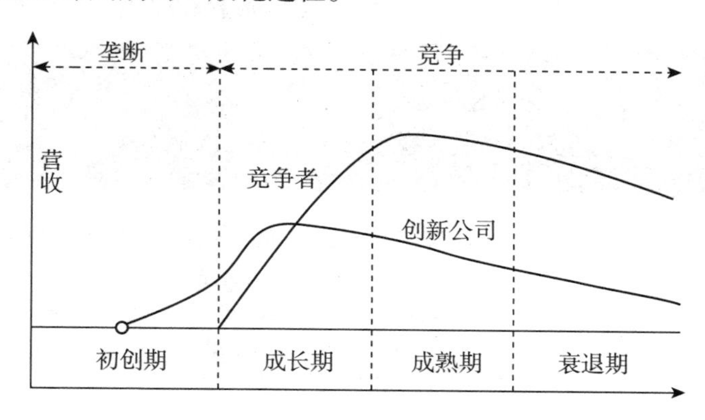

图 3－2 产业生命周期的一般化过程

（四）产业发展模式

1. 增长极模式

增长极模式是由法国经济学家弗朗索瓦·佩鲁提出的，是指作为经济空间上的某种推动型工业。增长极包括了两个明确的内涵：一是作为经济空间上的某种推动型工业；二是作为地理空间上产生集聚的城镇，即增长中心。

2. 点轴开发模式

点轴开发模式又可以称为区域增长极，是由波兰经济学家萨伦巴和马利士提出，是增长极模式的延伸。从区域经济发展的过程看，经济中心总是首先集中在少数条件较好的区位，成斑点状分布。

3. 梯度模式和反梯度模式

不同地区经济发展的差异会形成梯度，一个经济落后的地区想要发展，就要沿梯度向上，从初级产业入手，逐渐承接经济发展水平较高地区外溢的产业。反梯度模式是指落后的地区在接收发达地区转移的技术、资本和产业的时候要发挥主观能动性，改变被动发展的劣势，调整三个产业发展的顺序和占比。

4. 进口替代模式

进口替代模式是由经济学家普雷维什和辛格提出的，指当本国的产品发展到一定阶段时就可以逐渐替代进口产品，或者通过限制进口来推进本国工业化战略。

（五）工业化阶段的判定

在经济发展过程中，产业结构呈现出一定的规律性变化，即第一产业的比重不断下降；第二产业的比重是先上升，后保持稳定，再持续下降；第三产业的比重则是先略微下降，后基本平稳，再持续上升。

我国工业化不同阶段的标志值见表 3－1。工业化不同阶段的相关内容见表 3－2。

表 3－1　　工业化不同阶段的标志值

基本指标	前工业化阶段（1）	工业化实现阶段			后工业化阶段（5）
		工业化初期（2）	工业化中期（3）	工业化后期（4）	
人均 GDP 2005 年美元（PPP）	745~1 490	1 490~2 980	2 980~5 960	5 960~11 170	11 170 以上
三次产业产值结构（产业结构）	A>I	A>20%，A<I	A<20%，I>S	A<10%，I>S	A<10%，I<S
第一产业就业人员占比（就业结构）	60% 以上	45%~60%	30%~45%	10%~30%	10% 以下
人口城市化率（空间结构）	30% 以下	30%~50%	50%~60%	60%~75%	75% 以上

注：A 代表第一产业，I 代表第二产业，S 代表第三产业，PPP（Purchasing Power Parity）表示购买力平价。

资料来源：陈佳贵、黄群慧、钟宏武、王延中等．中国工业化进程报告，北京：中国社会科学出版社，2007.

表 3－2　　工业化不同阶段的相关内容

	主要内容	驱动因素	主导产业	贡献来源顺序变更	增长理论
工业化前期	对自然资源的开发	自然资源大量投入	农业	劳动力、自然资源	“马尔萨斯陷阱”
工业化初期	机器工业开始代替手工劳动	劳动力大量投入	纺织工业	劳动力、资本、规模经济	古典增长理论
工业化中期	中间产品增加和生产迂回程度提高	资本积累	重化工业	资本、规模经济、技术进步、劳动力	哈罗德·多马增长理论
工业化后期	生产的效率提高	技术进步	加工组装工业	技术进步、资本、规模经济、劳动力	索洛的新古典外生增长理论
后工业化时期	学习和创新	新的知识	高新技术产业和服务业	知识进步、人力资本、技术进步	罗默和卢卡斯的内生新增长理论

三、城市经济发展的机制

（一）经济的外部性

经济的外部性又叫经济活动外部性，指在社会经济活动中，一个经济主体（国家、企业或个人）的行为直接影响到另一个相应的经济主体，却没有给予相应支付或得到相应补偿，就出现了外部性。外部性的影响可能是正面的，也可能是负面的。

（二）城市地租理论

马克思认为：地租是土地使用者由于使用土地而缴纳给土地所有者的超过平均利润以上的那部分剩余价值。

1. 企业竞租模型

企业竞租模型是由阿隆索提出的，指随着企业与市中心的距离增加，土地价格不断降低，企业有更多资本投入到土地上，取代非土地资本。阿隆索的竞租曲线如图 3－3 所示。

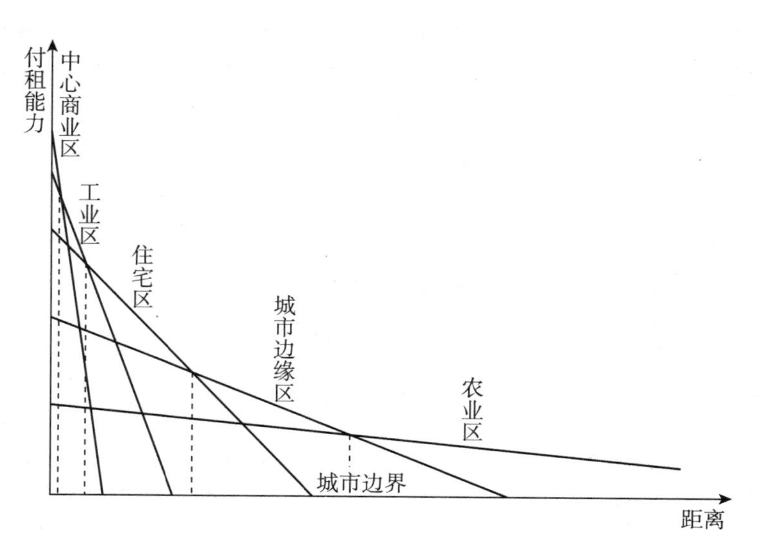

图 3－3　阿隆索的竞租曲线

2. 家庭竞租模型

不同等级收入家庭会根据家庭的经济状况选择住宅位置和交通出行方式。

第一，城市公共交通发达，私人交通相对不方便。高收入家庭选择居住在城市中心，减少远距离交通的时间成本，提高舒适度；低收入家庭选择远离城市中心，在出行方式上多选择廉价的公共交通。

第二，城市私人交通发达，公共交通发展不健全。高收入家庭选择远离市中心，承担较高的通勤成本，换取更大、更舒适的居住环境；低收入家庭因为承担不起高昂的远距离通勤费用，选择居住在市中心，但因市中心房价较高，因此，低收入家庭只能选择减小居住面积。

（三）城市规模的约束性因素

1. 城市规模与本地产品

城市中，产业的发展程度与城市规模相关，无论城市大小，只要有足够的需求量，该产业就能得到发展。例如餐饮行业，无论在什么规模的城市里，都有人需要吃饭，同时也需要相应的餐饮行业从业人员。

2. 产业数量和类型

城市中的产业类型和数量也因城市规模不同而受到影响。不同产业提供的就业岗位和对相关产业的影响不同，因此，城市对产业类型的选择不同。例如，上海作为金融中心，对金融企业的选择就优先于其他产业。在数量方面，随着产业数量增加，城市综合性越强，各行业生产率提升的同时能够提供更多的就业机会，当企业发展到一定阶段，工人生活成本增加，对企业的工资要求就提高了，此时，一些中小企业就开始转移到其他城市发展。

3. 外部不经济的约束

城市人口增加导致人口密度增加和城市规模的增大，间接导致了土地租金增加和一系列交通问题。因此，较高比例的交通花费在一定程度上制约了城市人口数量的不断扩张。例如，城市中心居住成本很高，工人们选择居住在距离市中心较远的区域，此时，需要承担更高的交通成本；相反，如果城市交通成本较低，就会吸引外来人口，从而推动城市进一步扩张。

四、全球化背景下的城市与产业发展

（一）全球城市

经济全球化促进了生产要素在全球范围内的流动，国际分工水平的提高以及国际贸易的迅速发展，推动了世界范围内资源配置效率的提高，各国生产力的发展，为各国经济提供了更加广阔的发展空间，全球城市应运而生。目前，英国伦敦、美国纽约、法国巴黎和日本东京被认为是“四大世界城市”。

（二）产业集群

20 世纪 90 年代迈克·波特首次提出了产业集群，他认为产业集群是指在特定区域中，具有竞争与合作关系，且在地理上集中，由交互关联性的企业、专业化供应商、服务供应商、金融机构、相关产业的厂商及其他相关机构等组成的群体。产业集群有四种典型的划分方式，通常城市中的产业园区都是多种类型产业集群混合，或几种之间相互转换。

1. 马歇尔式产业区

马歇尔式产业区由小的地方企业支配并占据市场份额，主要是规模经济较低的类型，与外界企业联系较少。

2. 轮轴式产业区

轮轴式产业区以关键产业为核心，辐射周边一个或多个主要企业，在周边有供应商及相关活动的区域。

3. 卫星平台式产业园

卫星平台式产业园由跨国公司分支机构组成，往往开设在落后地区，运营商能够保持独立。卫星平台式产业园发展较为普遍，但与国家的发展水平无关。

4. 国家力量依赖型产业园

国家力量依赖型产业园多为公共或者非营利实体，关键承租者可能是军事、国防研究室、大学或者政府机构。

五、城市规划中的经济与产业分析方法

城市间经济联系的测度是制定城市和区域发展战略的基本依据，地理学家塔费提出地区经济联系量化的计算方法，即经济联系强度同人口成正比，同它们之间的距离成反比，计算公式如下：

$$P_{ij}=k\frac{\sqrt{P_i\times V_i}\times\sqrt{P_j\times V_j}}{D_{ij}^2}$$

式中：P_i、P_j——两个城市的人口指标，通常指市区的非农业户口；

V_i、V_j——两个城市的经济指标，通常指城市的 GDP 或工业总产值；

D_{ij}——两个城市之间的距离；

k——常数。

此外，还有两种分析方法可用于城市规划中。

（一）投入产出分析法

该法多用于评价经济已经产生的何种影响效果，而不是预测未来经济会产生何种影响。投入产出分析将区域经济视为一个网络，网络中不同的经济成分被划分成不同数量的部门，这些部门之间相互联系。投入产出分析是研究国民经济各部门间平衡关系所使用的方法。

（二）趋势外推法

此种方法可以直接用于确定总人口或经济水平未来的发展趋势分析等。预测通常需要通过公式表达，公式可以清楚地描绘人口或经济的增长和衰退曲线。实际预测中最常采用的是一些比较简单的函数模型，如线性模型、指数曲线、生长曲线、包络曲线等。

练一练

多项选择题：

主导产业或支柱产业的条件是（　　）。

A 应当有很高的区位商

B 在地区工业总产值中占有很大的比重

C 要有比较大的产业关联度

D 要有较高的产业规模经济

【**解析**】答案为 A、B、C、D。

知识点 2 社会与人口影响因素

学前思考

21 世纪以来，我国城镇化进程加速，虽然取得了一定的成果，但也存在很多的问题。城市发展的根本是“人”的发展，实际上就是“幸福”的问题，就是要让城市人，包括外来人口、旅游人群等，都能享受城市提供的服务。城市中最重要的组成部分是人，那么人又是如何影响城市规划的呢？

知识重点

一、人口要素对城市规划的影响

人既是城市的建设者，又是城市的居住者、使用者。在一个城市的发展历程中，人的行为与人的需求都尤为重要。因此，在进行城市规划时，城市人口要素的需求测定就至关重要。那么人口要素对城市规划会有哪些影响呢？我们主要从三个维度来进行解析。

（一）人口规模

人口规模用于估算居住、商业、办公空间、工业生产空间、城镇设施、开放空间的需求，是决定城镇化发展的基本标杆。例如，可以通过人口规模估算出规划区域需要多大面积的住房用地，同时需配套多少公共基础设施。

（二）人口结构

人口结构指人口整体规模中特定组群的比重，可以按照年龄、性别、文化、民族、家庭情况等进行分组。例如，我们可以通过群体的年龄情况判断青少年对学校的需求，老年人对医疗和健康设施的需求等。

（三）人口空间分布

人口空间分布是评价公共服务设施的配置、工作地点、商业以及其他设施可达性的必要依据。例如，根据人口在城市中的分布情况，可以判断规划建设的公园位置和面积是否合理。

二、城市人口数量的分析方法

（一）人口动态变化的相关概念

1. 自然增长

自然增长是指出生人口与死亡人口之间的净差值，通过自然增长率来计算，主要受到出生率和死亡率的影响。

$$自然增长率=\frac{本年出生人口数-本年死亡人口数}{年平均人数}\times 1\ 000‰$$

其中出生率受到城市人口的年龄结构、育龄妇女的生育率、初育年龄和儿童数量、生活水平、文化水平、传统习惯、医疗条件和国家政策的影响。如果城市人口处于婚育年龄的人口比例高，那么出生率就会比较高；同理，如果平均结婚年龄偏大，且生育意愿低，则出生率就会较低。

死亡率受年龄构成、医疗卫生条件、人民生活水平等因素的影响。通常，越先进的国家死亡率越低，越落后的国家死亡率越高。

我国人口出生率和自然增长率如图 3－4 所示。

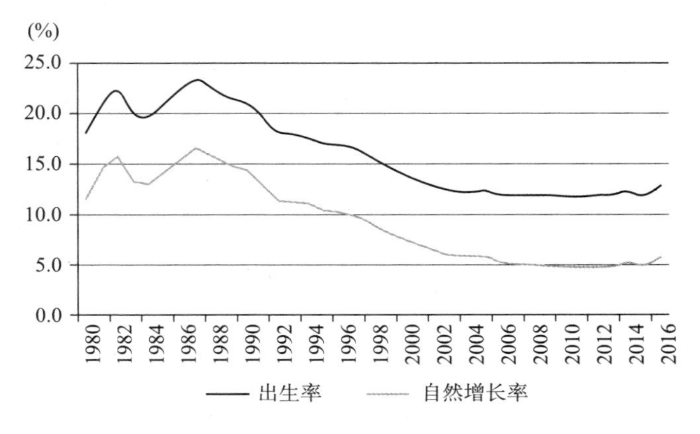

图 3－4　我国人口出生率和自然增长率

2. 机械增长

机械增长是指由于人口迁移而产生的人口数量的变化，主要通过机械增长率来计算，受一定时间内迁入人口数和迁出人口数的影响。

$$机械增长率=\frac{本年迁入人口数-本年迁出人口数}{年平均人数}\times 1\ 000‰$$

人口机械增长主要受社会因素影响，例如，经济发达的地区增长速度快，而经济落后的地区则低，甚至是负增长。一般表现为由经济落后地区向经济发达地区迁移。

（二）人口静态统计

人口静态统计又称为人口普查，即在限定的时间点对人口的状态进行普查统计。我国关于人口普查的概念包括户籍人口、流动人口、暂住人口、常住人口等。

1. 户籍人口

户籍人口即在当地公安派出所登记户口的人口。

2. 流动人口

离开了户籍所在地到其他地方居住一定期限的人口为流动人口。按居住期限划分一般分为半年以下、半年以上、一年及以上；按流动去向划分一般分为流入人口和流出人口。

3. 暂住人口

离开户籍所在地到其他地方暂时居住一段时间的人口为暂住人口。暂住人口相当于流动人口中的流入人口。

4. 常住人口

在某地实际居住半年以上的人口为常住人口。满足居住时限的户籍人口、居住半年以上的流入人口和居住半年以下的流出人口均可纳入其统计范围。

练一练

单项选择题：

某城市 2019 年平均人数为 10 万人，本年度出生人口 2 500 人，死亡人口为 500 人，那么该城市的自然增长率为（　　）。

A. 2 500　　B. 2 000　　C. 0.02‰　　D. 0.025‰

【解析】答案为 C，参考公式如下：

$$自然增长率=\frac{本年出生人口数-本年死亡人口数}{年平均人数}\times 1\ 000‰$$

多项选择题：

目前我国城市人口自然增长情况为（　　）。

A. 低出生　　B. 高出生　　C. 低死亡　　D. 高增长　　E. 低增长

【解析】答案为 A、C、E。

三、城市人口结构的分析方法

人口结构还可以称为“人口构成”，具有相对的稳定性，在一般情况下，人口结构随着时间的推移和经济发展而产生变化。按人口过程的特点及运动方式划分，人口结构可分为人口自然构成、社会构成和地域构成等。按自然构成可分为年龄构成、性别构成等；按社会构成可分为民族构成、文化构成、宗教构成、阶级构成等；按地域构成可分为城乡构成、区域构成等。以下将介绍几种比较常用的人口结构分析方法。

（一）年龄构成

年龄构成是按照城市人口各年龄组的人数占总人口的比例进行划分的。

一般来说，人口结构可以反映出一个国家大体的社会和经济状况。如果以年龄为基准对人口结构进行划分，大致有三个模型：

第一种是成长型，即出生率大大超过死亡率，人口中的青少年在总人口中所占的比例非常大。这种类型的社会人口将会在较短的时间内快速地增加，因此不用担心劳动力的问题。例如第三世界国家，包括非洲大部分国家、印度、东南亚国家、南美洲国家。

第二种是稳固型，即人口的出生率与死亡率大抵相当。青壮年占社会人口的中等偏上。这种类型的社会人口的数量会保持在一个较为稳定的状态中，不会出现较大幅度增加或减少。

第三种是衰老型，即人口的出生率略低于或等于死亡率，老年人在人口中所占比例较大，并且会越来越大。这种类型的社会人口趋于老化和减少。目前发达国家除美国外，基本都开始逐渐向老龄化的社会发展。生活和医疗水平的提高，加上人口出生率的减少，导致老龄化的国家缺乏足够的劳动力，这已经引起了非常大的社会问题，诸如养老保险、老年人的医疗、社会负担加重等。

那么在研究时，如何对人口的年龄结构进行分组呢？一般会分成少年组（0~14 岁）、成年组（15~64 岁）、老年组（65 岁及以上）。根据年龄的数据统计情况，可做出人口金字塔图（也可以称为百岁图）和年龄构成图。中国人口金字塔如图 3－5 所示。

在城市规划中，人口年龄结构会产生什么影响呢？例如，掌握少年组的数量和发展趋势，可以预估幼儿园、中小学等教育公共设施的规划指标；掌握成年组的人口数量和就业人数，可以估算出就业形势和潜在的劳动力数量；掌握老年组的人口数量和占比，能够分析出一个城市的老龄化水平和城市养老、卫生健康等配套福利服务设施的规划指标。

（二）职业构成

职业构成是指城市中的社会劳动者按照其工作的行业性质进行划分，各行业人口数量占总就业人口的比例。

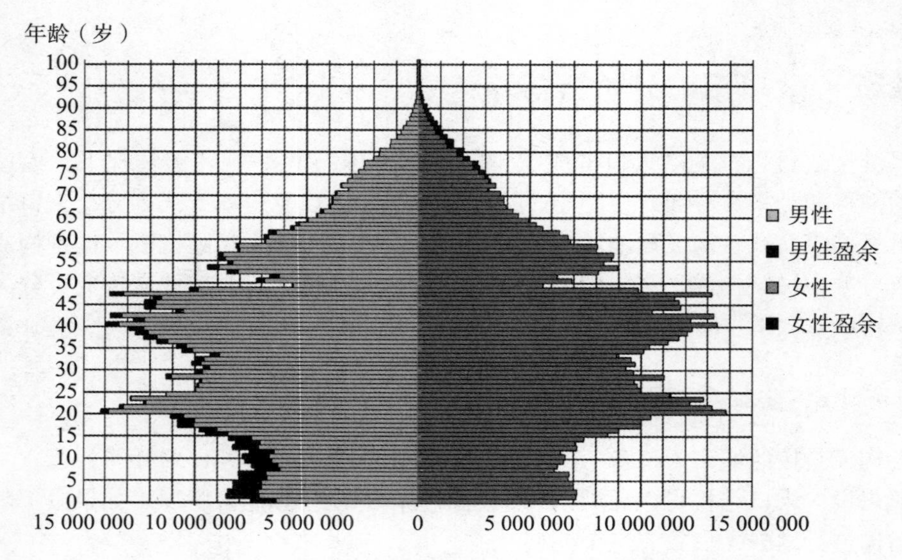

图 3－5　中国人口金字塔（2010 年人口普查数据）

按照《国民经济行业分类与代码（GB/T 4754-2017）》，国民经济行业主要分为：A 农、林、牧、渔业；B 采矿业；C 制造业；D 电力、热力、燃气及水生产和供应业；E 建筑业；F 批发和零售业；G 交通运输、仓储和邮政业；H 住宿和餐饮业；I 信息传输、软件和信息技术服务业；J 金融业；K 房地产业；L 租赁和商务服务业；M 科学研究和技术服务业；N 水利、环境和公共设施管理业；O 居民服务、修理和其他服务业；P 教育；Q 卫生和社会工作；R 文化、体育和娱乐业；S 公共管理、社会保障和社会组织；T 国际组织。

城市是一个经济、社会、文化各方面紧密联系的统一体，所谓“牵一发而动全身”，例如，劳动密集型的产业园区规划需要大量的体力劳动者，规划中就要为这些劳动者提供相应的生活设施、交通设施与社会福利保障设施，而技术密集型产业规划时需要大量的脑力劳动者，这样对于城市的科技文化设施如高校、科研院所的设施要求就会相应较高。

城市经济发展是社会发展的基础，社会发展是经济发展的前提和动力。城市经济发展也是城市产业经济的发展，包括了第一、第二、第三产业经济的协调发展。在城市规划中，应探索发挥产业优势，体现产业经济发展规律，使两者相互促进，协调发展。

（三）家庭结构

通常来讲，家庭结构是指城市人口数量、性别、备份等家庭情况。家庭结构一方面会对城市居住区住宅区类型的选择、生活和文体设施的配套建设等一系列围绕家庭展开的教育、医疗、卫生等活动产生重要影响；另一方面，家庭结构受宏观的社会、经济、文化不断发展的影响，同时也对城市社会的生活方式、行为和心理等产生直接影响。

目前，我国的人口结构中，老龄化加剧，人口红利减少，家庭结构正演变为“倒金字塔”结构，小家庭已经逐渐取代了传统的复合大家庭。因此，在规划中要充分考虑规划区域居住人口的家庭结构状况，结合人口动态变化数据，建立符合实际的规划指标体系。

（四）空间结构

空间结构指人口在城市内部的空间布局特征，如人口密度等。城市发展和城市人口空间结构变化是相互影响的，通常可以用人口密度模型定量描述两者间的变化规律，人口密度模型能够清楚地描述人口密度随距离市中心远近的变化情况。常用的人口密度模型有 Clark 模型、Sherratt 模型和 Newling 模型。这里以 Clark 模型为例进行介绍，Clark 模型公式为：

$$D_d=D_0\times e^{-bd}$$

式中：D_d——城市某处的人口密度；

D_0——城市中心的人口密度；

e ——某处到市中心的距离。

通过模型的公式可以看到，离市中心越近，人口密度越高；离市中心越远，人口密度越低。

四、城市人口的预测方法

城市人口预测是进行城市总体规划的首要工作，它既是城市规划的目标，又是确定总体规划中的具体技术指标与城市合理布局的前提和依据。因此，合理预测城市人口对城市的总体规划和城市的可持续发展有着十分重要的意义。城市人口预测有以下几种方法：

（一）综合增长率法

综合增长率法以目标年之前多年的历史平均增长率为基础，预估目标年的人口数量，公式为：

$$P_t=P_0(1+r)^n$$

式中：P_t——预测目标年末的人口规模；

P_0——基准年的人口规模；

r ——人口综合年均增长率；

n ——预测年限（t_n-t_0）。

在计算时，r 应根据城市历年的人口规模确定。

综合增长率的适用范围为：适合人口增长率相对稳定的城市，新建的城市和受外部环境影响较大的城市则不太适用。

（二）时间序列法

时间序列法是对城市的历史人口发展趋势进行分析，预测未来的人口规模。公式为：

$$P_t=a+bY_t。$$

式中：P_t ——预测年年末人口规模；

Y_t ——预测年份；

a、b——参数。

时间序列法的适用范围为：有长时间人口数据统计且数据变化不大，预估未来也不会有较大改变的城市。

（三）劳动平衡法

劳动平衡法在过去的规划实践中使用较多，其主要是通过社会经济发展计划确定的基本人口数和劳动构成比例的平衡关系来确定。但是，在市场经济条件下，社会的经济发展状况很难确定，预估数据质量无法保障，因此，劳动平衡法现在已经很少使用了。

（四）职工带眷系数法

职工带眷系数法是根据职工人数以及职工带眷情况进行人口预测。计算公式为：

规划总人口数 = 带眷职工人数 ×（1+ 带眷系数）+ 单身职工

式中：　带眷系数——每个带眷的职工所带家属的平均人数。

职工带眷系数法的适用范围为新建工业城镇，能够根据企业职工数量推算出建成后城镇的人口数量。

职工带眷有关指标见表 3－3。

表 3－3　职工带眷有关指标

类型	占职工总数比例	备注
1. 单身职工	40%~60%	带眷职工比要根据具体情况而定。独立工业城镇采用上限，靠近旧城采用下限；迁厂采用上限；建设初期采用下限，建成后采用上限。单身职工比相应变化。带眷系数已考虑了双职工因素。双职工比例高的采用下限，比例低的采用上限。
2. 带眷职工	40%~60%	
3. 带眷系数	3~4,1~3	
4. 非生产性职工	10%~20%	

资料来源：李德华．城市规划原理（第三版）．北京：中国建筑工业出版社，2001.

练一练

单项选择题：

某一工业新镇，规划末期需要职工 1 万人，带眷职工为 4 000 人，带眷系数为 2.5，单身职工为 6 000 人，其他城市人口为 2 000 人，预测规划末期的人口规模为（　　）人。

A.10 000　　B. 12 000　　C. 20 000　　D. 22 000

【解析】答案为 D，参考公式：规划总人口数 = 带眷职工人数 ×（1 + 带眷系数）+ 单身职工。

五、社会要素对城市规划的影响

（一）空间供给与社会需求相协调

随着城市的不断发展，城市应具备的功能和社会需求会不断地发展和演变，城市规划要在有效的空间进行合理的安排和有效的配置，城市的物质性设施和空间结构需要不断地更新、完善和优化才能满足社会不同群体的不同需求。

（二）保障社会各阶层公平享用公共资源

一方面，城市规划要通过对各项城市功能的合理安排、各项建设的综合部署，为实现经济社会的发展目标服务；另一方面，在规划过程中要尽可能地保障公共利益，保证社会各阶层在居住、就业、出行等方面的公平，让城市全体居民能公平地分享城市发展带来的好处。

（三）保障社会弱势阶层的基本需求

在城市规划过程中，弱势群体往往由于社会地位和经济地位等因素缺少足够的话语权，而规划兼顾效率与公平的关键所在就是要保障社会弱势阶层的基本生存需求，同时也使其享受到必需的公共服务设施，使他们获得发展的机会，形成不同群体相互依赖、共同融洽地生活在一起的共生关系，促进社会和谐稳定发展。

知识点3 生态环境影响因素

学前思考

城市发展是人类文明进步的象征，是社会生产力发展到一定历史阶段的产物，也是人类对自然环境干预最强烈的地方。随着工业化的快速发展，城市的规划与建设进入了快速发展时期，一方面带动了经济的发展和社会的进步；另一方面也带来了负面效应，如出现生态环境恶化、交通拥挤、居民生活质量下降等问题。城市是人们赖以生存的家园，是生活、工作、休闲娱乐的重要场所，生态环境的质量直接影响着一个城市经济社会的发展，同时对整个城市的管理和运行起着至关重要的作用。那么城市的生态环境是如何影响城市规划的呢？

知识重点

一、城市化与资源和环境

随着经济社会的不断发展，城市作为人类文明的标志，汇集了大量的资源。人口在城镇和城市聚集也推进了城市化的进程，但城市化进程步伐的加快也是一把双刃剑，城市化进程中的人口密集、产业聚集给城市化规模扩大带来了负面影响。伴随着大量交通和基础设施建设，城市规模不断扩大，人口、资源、环境之间的矛盾也越来越复杂。全国不同地区的环境污染问题变得更加严重，人们的生活条件逐渐恶化。例如，北京前些年连续不断的雾霾，就是城市化建设在发展中所带来的问题。

目前，城市集中了 50% 的人口却消耗了全球约 80% 的资源和 75% 的能源，随着城市化水平的提高，对资源环境的需求在总量上是不断增加的；同时，在城市化的不同阶段，城市发展对资源环境的消耗也是有差异的。通常来讲，在城市化初期，城市化水平较低，资源消耗呈缓慢增长的状态；随着城市化进程的推进，工业发展迅速，城市规模不断扩张，对资源的消耗进入加速增长阶段；在城市化发展后期，城市化水平逐渐稳定，注重城市内部结构调整，三产占比不断调整，对资源消耗缓慢增长甚至略有降低。

二、城市环境

（一）城市环境的定义

城市环境指对城市人类活动产生影响的自然或人工的外部条件。

1. 广义的城市环境

广义的城市环境主要指人口、社会服务设施等社会环境和经济、就业等经济环境，以及风景、城市风貌等美学环境。

2. 狭义的城市环境

狭义的城市环境主要指城市的物理环境，其组成可分为土地、水文、气候等自然环境和道路、基础设施等人工环境两部分。

（二）城市环境的特征

1. 界限明确

城市环境和行政管理界限一样有相对明确的界限。

2. 复杂多样，制约因素诸多

城市环境的构成包括自然环境因素、人工环境因素、社会环境因素和经济环境因素，这些不同类型的城市环境具有不同的结构特征，也会组合构成不同的复式结构，发挥不同的作用。国家的政治方针和发展战略也会对城市环境产生直接或间接的影响，并且直接作用于城市的环境，影响城市的整体发展。

3. 开放、依赖且脆弱

城市依赖生态系统由外部输入生产原料和生活资料，并将生产的产品和废料输出到外部。城市环境系统环环相扣，任何一环出现问题，整个系统都会受到影响，给城市的运行带来一系列问题。

（三）城市环境效应

城市环境效应是指人类在城市活动时对环境造成的正面的和负面的影响。

1. 污染效应

污染效应即人类在城市中的活动造成的自然环境的污染及效果，如大气污染、水污染、声音污染、有毒物质污染等。

2. 生物效应

人类在城市中的活动不仅对人产生影响，也对其他生物产生影响，如水体污染会造成植物和鱼类死亡。但城市环境的生物效应并不都是负面的。

3. 地学效应

地学效应即人类在城市中的活动对土壤、水质、气候等自然环境造成的影响，如城市热岛效应等。

4. 资源效应

资源效应即城市中的人类活动对自然资源消耗能力的强度，反映出了人类利用资源的方式对城市的经济社会都有一定的影响。

5. 美学效应

美学效应也称为景观效应，是城市物理和人工环境等因素综合作用的结果。城市景观在美感、艺术等方面对人有一定的潜在影响。

（四）城市环境的容量

城市环境的容量指环境对于城市规模及人类活动提出的限度，包括了人口容量、大气环境容量、水环境容量等。通常，在城市规划时，会对制约和影响环境容量的因素进行分析，主要从城市的自然条件、各类物质要素现有的发展状况、经济技术条件和历史文化条件等方面进行分析。

1. 城市人口容量

城市人口容量指在一定时间内，一定区域能够容纳的具有一定生态环境质量和社会环境质量水平的城市人口。适度的人口容量是指在生态系统弹性限度下环境系统所能支撑的经济规模与相应的人口规模。

2. 城市大气环境容量

城市大气环境容量指在满足大气环境目标的前提下，一定区域的大气环境所能承受污染物的最大能力，或允许排放污染物的总量。

3. 城市水环境容量

城市水环境容量指在满足城市用水和居民安全使用城市水资源的前提下，城市水资源所能承受的最大污染物的负荷量。

（五）城市环境的质量

城市环境的质量指城市环境总体要素或某种要素对人类生存和发展及对城市经济社会发展的适宜程度，包括大气环境质量、水环境质量、文化环境质量等。城市环境质量能够反映城市对资源的利用情况、城市发展对环境的破坏程度等。在城市规划时，可以根据城市环境质量的评价状况制订相应的环境保护计划和措施。

城市环境评价包括环境回顾评价、环境现状评价和环境影响评价，三者分别从过去、现在和未来三个角度对环境质量进行评价。

1. 环境回顾评价

环境回顾评价是在对目标区域历史环境资料的分析基础上，对其环境质量的发展演变进行分析评价。环境回顾评价是提高环境影响评价有效性的重要措施和手段。

2. 环境现状评价

环境现状评价一般是根据近二三年的环境监测资料对某地区的环境质量所进行的评价，一般以国家颁布的环境质量标准或环境背景值作为依据。评价范围可以是一个行政区域、一个自然区域或一个功能区域。

3. 环境影响评价

环境影响评价是指对人为活动、建设方案等可能造成的环境影响进行分析论证，并在此基础上提出防治措施和对策。按评价对象不同可分为规划和建设项目环境影响评价；按环境要素不同可分为大气、地面水、地下水、土壤、声音、固体废物和生态环境影响评价等。

（六）城市规划环境影响评价

城市的发展目标决定了城市的发展方向，每个城市都会根据自己的实际情况制定自己的发展目标。城市的发展目标决定了城市的未来，因此在城市的发展目标上进行环境影响评价，可以确定在城市的建设过程中可能造成的污染程度大小，以及资源的浪费程度。规划中，以环境影响作为评价的标准，就是为了保证给人们提供一个良好的生活环境，从而有效地保证人们的健康。环境影响评价对城市发展目标的影响非常大，它可以决定这个发展目标是否可以执行下去，并在城市的发展建设上减少资源浪费。不同项目的环境影响评价内容和侧重点不同，但评价要点基本一致，主要有以下几个方面：

一是环境影响评价不仅包括规划区域，还应包括规划区域周边受规划方案影响的区域，同时，评价应考虑规划方案实施后现有的和长期的影响。

二是环境影响评价的方案应因地制宜，根据规划区域实际情况制定相应的评级办法。

三是城市规划受政策导向的影响，政治作为上层建筑的层面对社会环境的影响有着非常重要的作用，因此要关注政策对城市环境的影响。

练一练

多项选择题：

城市环境容量的制约条件有（　　）。

A. 城市自然条件　　B. 城市社会经济条件　　C. 城市现状条件
D. 经济技术条件　　E. 历史文化条件

【解析】答案为 A、C、D、E。

参考文献

[1] 王祥荣 . 中国城市生态环境问题报告 [M]. 南京：江苏人民出版社，2006.

[2] 赵民，陶小马 . 城市发展和城市规划的经济学原理 [M]. 北京：高等教育出版社，2001.

[3] 吕斌，佘高红 . 城市规划生态化探讨——论生态规划与城市规划的融合 [J]. 城市规划学刊，2006(4): 16-19.

[4] 谭纵波 . 城市规划 [M]. 清华大学出版社，2005.

[5] 吴志强，李德华 . 城市规划原理 [M]. 4 版 . 北京：中国建筑工业出版社，2010.

[6] 邹德慈 . 城市规划导论 [M]. 北京：中国建筑工业出版社，2002.

[7] 张军民，陈有川 . 城市规划编制过程中的常用方法 [M]. 武汉：华中科技大学出版社，2008.

[8] 宋小冬，钮心毅 . 地理信息系统实习教程 [M]. 北京：科学出版社，2007.

第四单元

城市总体规划

Unit

学习导引

同学们好！欢迎你们来到“城市规划与设计”课程的课堂，本单元我们将一起学习城市总体规划的相关知识。1776年，亚当·斯密在《国富论》中提出市场是一只“看不见的手”，市场机制能够在经济发展中使资源配置达到最佳状态，但是，市场机制本身是存在一定缺陷的，它无法完全长远、有效、公正地对城市资源进行分配。因此，为了社会的长远发展和公众利益，政府常常会运用各种手段来对“市场失灵”进行干预。城市总体规划就是这样一种被普遍采用的干预市场的手段。人们希冀通过确定城市未来的发展目标，制定实现这些目标的途径、步骤和行动纲领，来应对城市未来发展中出现的不确定性，实现对社会实践的引导和对城市发展的控制。那么城市总体规划是如何引导和控制城市发展的？城市总体规划又是如何编制实施的呢？接下来我们将一一解答这些问题。

学习目标

学完本单元内容之后，你能够：

（1）了解城市总体规划的概念、特点；

（2）理解城市总体规划的相关理论和发展沿革，学习统筹安排城市总体布局；

（3）掌握城市总体规划的编制方法。

知识结构图

图4-1为本单元内容的整体框架，主要包含四部分内容：城市总体规划的概念和特征、城市发展战略研究、城市总体空间布局、城市总体规划的编制。我们将在这个整体框

架指引下逐一学习每个知识点的具体内容，从而理解城市总体规划的概念，并思考城市总体规划是如何在城市的发展中发挥作用的，以及是如何引领城市未来发展的。

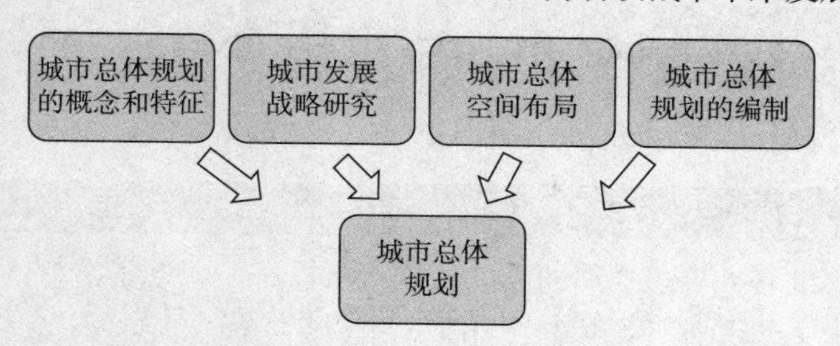

图 4-1　知识结构图

通过本单元知识结构图，大家可能对本单元要学的内容已经有了初步了解，那么接下来我们就按照这个框架来逐一学习各个知识点的内容。

知识点 1 城市总体规划的概念和特征

学前思考

2017 年 9 月 29 日，经过 3 年的酝酿，北京市发布《北京城市总体规划（2016 年—2035 年）》, 6 万余字的规划方案阐述了“都”与“城”、“舍”与“得”、“疏解”与“提升”“一核”与“两翼”的关系。上一版的北京城市总体规划在指导城市建设发展方面发挥了重要作用，让北京步入了现代化国际大都市行列。但是，随着北京城市的发展，一些深层次矛盾和问题也逐步显现，特别是人口、资源、环境矛盾日益凸显，“大城市病”问题突出。关于如何制定有针对性的治理目标和对策，需要从城市总体规划的战略性、全局性角度寻求综合解决方略。

与此同时，首都发展也面临新的形势和重大机遇，经济发展进入新常态，京津冀协同发展战略的实施，规划建设城市副中心、规划建设河北雄安新区等重大战略决策出台，筹办北京 2022 年冬奥会，深入推进“一带一路”建设等，这些都将对首都的未来产生重大而深远的影响，需要从长远发展角度进行统筹考虑。因此，城市总体规划对城市发展至关重要。

知识重点

一、城市总体规划的概念

城市总体规划是对一定时期内城市性质、发展目标、发展规模、土地利用、空间布局以及各项建设的综合部署和实施措施。

城市总体规划是城市规划中的高层级规划，偏重综合性、战略性、长期性、政策性，其核心是解决一定时期内城市的发展问题。

二、新时期城市总体规划的特征

真正影响城市规划的是深刻的政治和经济的转变。从 1990 年施行的《城市规划法》到 2008 年的《城乡规划法》，我国的城市规划历经了近 30 年的发展，而这 30 年也是中国经济社会发生历史变革的重要时期，我国从计划经济体制转变为社会主义市场经济体制，宪法多次修正了治国理政的方针。政治经济体制的转变对城市规划提出了更高的要求，推进城市规划不断修正调整，以适应新时期的社会发展现状。

《北京城市总体规划（2016 年—2035 年）》的发布引起了全国热议，对未来其他城市的发展规划产生了示范引领作用。该规划把以习近平同志为核心的党中央治国理政的新理念、新思想、新战略落实到规划之中，使北京城市总体规划的思想理念发生了深刻变化；围绕“建设一个什么样的首都、怎样建设首都”等重大问题，以市民最关心的问题为导向，聚焦了人口过多、交通拥堵、房价高涨、大气污染等“大城市病”的治理，从源头入手综合施策，改变了以往聚集资源谋发展的思维定式，以疏解非首都功能为“牛鼻子”，坚持疏解功能谋发展。

不同的城市发展理念以及背后的社会价值导向都会影响城市规划思想、工作方法和规划重点。新时期，面对着复杂多样的城市问题，树立科学理性的发展理念和思想是开展城市总体规划工作的核心。

（一）可持续发展理念

可持续发展理念最早出现在 1980 年国际自然保护同盟的《世界自然资源保护大纲》中：“必须研究自然的、社会的、生态的、经济的以及利用自然资源过程中的基本关系，以确保全球的可持续发展。”这是一种新的发展观，在城市规划中尤其要谋求发展的可持续性，强调人与自然共生，要求经济和社会的发展不能超过环境资源应有的承载力，以谋求人类的可持续发展。

（二）和谐社会思想

改革开放以来，我国的城市化进程不断加快，其中也暴露出许多不适宜中国国情及不利于稳健发展的问题，比如生产力发展不平衡，二元结构的特征极为突出，城乡、区域、经济社会发展不协调，资源消耗过大等。想要改变这些问题，应该注重统筹区域发展，平衡城乡的发展节奏，促进和谐社会建设。

（三）科学发展观

总体规划应该注重城市经济、社会、生态等要素之间的系统发展，市场在资源配置上有其局限性，因此要充分发挥城市总体规划的作用，推动城市协调发展。要充分认识当前我国城市发展中出现的问题，坚持以人为本，坚持协调发展，统筹城乡发展，统筹区域发展，统筹经济社会发展，统筹人与自然和谐发展，走科学发展道路。

三、总体规划与相关规划的关系

（一）城市总体规划与区域规划的关系

区域规划是城市总体规划编制的重要依据，城市和区域是相互影响的，在编制总体规划时，要对区域发展进行分析，使城市发展满足区域的发展定位，两者要相互配合，统筹推进。例如：北京新版城市总体规划紧密对接京津冀协同发展；该规划跳出北京看北京，从京津冀区域发展角度规划北京，用单独章节推动京津冀协同发展，用单独一节对支持河北雄安新区规划建设做出安排，努力打造以首都为核心的世界级城市群。

（二）城市总体规划与国民经济社会发展规划的关系

国民经济社会发展规划是城市总体规划编制的依据，能够指导城市总体规划的编制和调整。但国民经济社会发展规划侧重于近期、中长期的宏观目标的制定，城市总体规划强调城市空间布局的规划，两者缺一不可。城市总体规划应该服务于国民经济社会发展规划，有效配置城市空间资源。

（三）城市总体规划与城市土地利用总体规划的关系

城市土地利用总体规划是宏观层面的土地规划，用于对区域内的全部土地利用和土地开发、整治、保护进行规范统筹。两者是相互协调的，相同点是都属于对一定时期、一定区域内的土地使用进行规划，但是土地利用总体规划侧重于对土地开发、利用和保护的规划，强调保护耕地，而城市总体规划是为了完善城市功能结构对土地进行规划。

知识点 2 城市发展战略研究

学前思考

一个国家和地区的城市化走什么样的道路，采取什么样的模式，是多种因素综合作用的结果。在城市发展道路和发展模式的多种影响因素中，除了历史、经济、制度因素外，还有一个重要因素，就是城市发展战略。一个国家和地区采取什么样的发展战略，在现代经济条件下又受到政府与市场两种力量的制约。那么城市发展战略具体包括哪些内容呢？它又是如何影响城市发展的呢？

知识重点

一、城市发展战略的内容

城市发展战略是为了解决和实现一定时期内城市的发展目标，包括以下三点内容：

（一）战略目标

战略目标是指在一定时期内，城市经济社会发展方向和预期目标，它是城市发展战略的核心。战略目标可以分为总体目标和经济社会等不同方面的发展目标，一般采用定性描述。如经济发展指标有经济总量指标、经济效益指标等。城市战略目标既要立足于城市发展的现实需要，也要着眼于城市未来的发展趋势，科学把握城市的发展动态。

（二）战略重点

战略重点是指对城市发展有全局或者关键影响的方面，是为了更好实现战略目标而设置的。城市发展的战略重点主要表现在市场的优势领域、城市发展的基础设施建设、城市发展的薄弱环节、城市的空间结构和发展方向等几个方面。但是，城市的战略重点是随着城市发展的实际情况随时改变的，应根据实际的发展需要随时进行调整。

（三）战略措施

战略措施是将战略目标和战略重点进行具体细化，以便于操作实施。战略措施是城市发展战略最关键的部分，通常包括制定产业政策、调整产业结构、改变空间布局、安排重大发展项目等。

二、城市职能

城市职能是指城市在一定地域内的经济、社会发展中所发挥的作用和承担的分工，是城市对城市本身以外的区域在经济、政治、文化等方面所起的作用。比如，作为我国首都的北京的主要城市职能是全国政治中心、文化中心和国际交往中心。

为了确定城市性质，可对城市的职能进行分类，主要的定性分类有以下几种：

（一）按照行政职能划分

可分为首都、省会、地区中心城市、县城、片区中心乡镇等。

（二）按照经济职能划分

可分为综合性中心城市（如北京、上海、重庆等）和按某种经济职能划分的城市（如工业城市、矿业城市、林业城市等）。

（三）按照其他职能划分

可分为科研教育城市（如牛津、剑桥等）、历史文化名城（如南京、杭州、曲阜等）、经济特区城市（如深圳、珠海等）、旅游城市（如大连、三亚、桂林等）、边贸城市（如满洲里等）。

三、城市性质

城市的性质是指城市在一定区域、国家、甚至更大范围内的政治、经济、社会发展中所处的位置和所担负的职责。城市性质是城市建设的总纲，在制定城市总体规划之前，要首先明确城市的性质，确定城市的基本特征和工作重点，对城市用地规模、城市基础设施配置进行统筹部署。

城市的性质在城市建设发展过程中可能会出现变化。比如山西太原，在1954年的总体规划中，确立太原为工业城市，后期随着市场经济逐渐转型，为了落实国家中部崛起的发展战略，突出太原作为国家空间结构中部节点的定位，在2008年的城市总体规划中，将太原的城市性质定位为先进制造业基地和历史文化古都，强调其在金融、文化、科技中的职能。

确定城市性质有以下几种方法：

（一）城市的宏观影响范围和地位

城市在所处区位的宏观影响包括国际性的、全国性的、地方性的和流域性的等。城市地位包括中心城市、交通枢纽、能源基地、工业基地等。

（二）城市的主导产业结构

城市的主导产业在经济社会发展中占据重要位置。通过分析主导产业的比重，如钢铁、煤炭产业突出，可以将城市性质定义为以钢铁工业和煤炭工业为主的城市。以主导产业定义的城市性质可以随产业的变化而变化。

（三）城市的其他主要职能和特点

城市的其他主要职能包括历史文化、风景旅游、军事防御等。在定义城市性质的时候，需要综合考虑城市的自然资源、地理位置、历史现状等影响因素。

我国部分城市的城市性质见表4－1。

表4－1　我国部分城市的城市性质

级别	名称	年份	城市性质
直辖市	北京	2017	北京是全国政治中心、文化中心、国际交往中心、科技创新中心。
	上海	2017	上海是我国的直辖市之一，长江三角洲世界级城市群的核心城市，国际经济、金融、贸易、航运、科技创新中心和文化大都市，国家历史文化名城，并将建设成为卓越的全球城市、具有世界影响力的社会主义现代化国际大都市。
省会城市	杭州	2016	浙江省省会和经济、文化、科教中心，长江三角洲中心城市之一，国家历史文化名城和重要的风景旅游城市。
	成都	2017	成都是国家中心城市、世界文化名城、具有国际影响力的文化创意中心和世界旅游目的地。
地级城市	大连	2017	大连是北方沿海重要的中心城市、港口及风景旅游城市。
	苏州	2016	苏州是国家历史文化名城和风景旅游城市、国家高新技术产业基地、长江三角洲重要的中心城市之一。

四、城市规模

城市规模是指城市人口总量和城市用地总量所表示的城市大小。城市规模是进行城市规划的前提，影响着城市的发展方向、空间布局和资源配置等。城市规模包括人口规模和用地规模两方面。

城市人口规模的确定对城市的影响很大，人口规模与城市资源的配置、区域经济基础、地理位置和建设条件、现状特点等密切相关。科学地界定城市人口容量，采取适宜的手段使城市人口规模与其容量相适应，是使城市健康发展的一项十分重要的工作。

城市规模的预测一般从人口规模的预测入手，确定城市人均用地指标，从而推算出用地规模。

城市人口规模的预测不是用于控制人口数量，而是为了使资源环境、经济社会发展、城市发展与人口规模相适应，推进城市健康发展。

城市用地规模的预测与人口预测相关，可根据人口规模和人均用地面积确定用地规模，用公式可以表示为：

$$A=P\times a$$

式中：A——用地规模；

P——人口规模；

a——人均用地指标。

$$\text{人均用地指标}=\frac{\text{城市规划区各项城市用地总面积}}{\text{城市人口}}$$

目前，我国按照《城市用地分类与规划建设用地标准》（GB50137–2011）对人均城市建设用地进行划分，见表 4 – 2。

表 4 – 2　　规划人均建设用地标准分级

气候区	现状人均城市建设用地规模	规划人均城市建设用地规模取值区间	允许调整幅度		
			规划人口规模 ≤ 20.0 万人	规划人口规模 20.1 ~ 50.0 万人	规划人口规模 ＞ 50.0 万人
Ⅰ、Ⅱ、Ⅵ、Ⅶ	≤ 65.0	65.0~85.0	＞ 0.0	＞ 0.0	＞ 0.0
	65.1~75.0	65.0~95.0	+0.1~+20.0	+0.1~+20.0	+0.1~+20.0
	75.1~85.0	75.0~105.0	+0.1~+20.0	+0.1~+20.0	+0.1~+15.0
	85.1~95.0	80.0~110.0	+0.1~+20.0	−5.0~+20.0	−5.0~+15.0
	95.1~105.0	90.0~110.0	−5.0~+15.0	−10.0~+15.0	−10.0~+10.0
	105.1~115.0	95.0~115.0	−10.0~−0.1	−15.0~−0.1	−20.0~−0.1
	＞ 115.0	≤ 115.0	＜ 0.0	＜ 0.0	＜ 0.0
Ⅲ、Ⅳ、Ⅴ	≤ 65.0	65.0~85.0	＞ 0.0	＞ 0.0	＞ 0.0
	65.1~75.0	65.0~95.0	+0.1~+20.0	+0.1~20.0	+0.1~+20.0
	75.1~85.0	75.0~100.0	−5.0~+20.0	−5.0~+20.0	−5.0~+15.0
	85.1~95.0	80.0~105.0	−10.0~+15.0	−10.0~+15.0	−10.0~+10.0
	95.1~105.0	85.0~105.0	−15.0~+10.0	−15.0~+10.0	−15.0~+5.0
	105.1~115.0	90.0~110.0	−20.0~−0.1	−20.0~−0.1	−25.0~−5.0
	＞ 115.0	≤ 110.0	＜ 0.0	＜ 0.0	＜ 0.0

通常首都的规划人均建设用地标准应在 105.1~115.0m^2/ 人内确定，新建城市建设指标应在

85.1~105.5m²/人内确定，偏远地区、少数民族地区以及部分山地城市、人口较少的工矿业城市，可根据实际情况在150m²/人的范围内选择，城市用地较为紧张时一般选择较低级别。

知识点3 城市总体空间布局

学前思考

当前，我国正处于经济、社会的转型期，城市化速度不断加快，城市不断蔓延扩展，城市发展日新月异，但在经济利益驱动和地区发展不均衡等多种因素作用下，城市空间布局呈现出一些不合理的状况。大城市空间布局呈现两极分化的趋势，如：中心区空间布局过于拥挤，而城市外围的空间布局过于分散；产业区域相对密集，城市绿化率不断下降，等等。这些不合理的城市空间布局最终会使人们的居住环境质量下降，导致一系列严重的城市问题。那么，如何才能有效进行城市空间布局呢？

知识重点

一、城市功能与结构

（一）城市功能与结构的关系

城市功能的演变在一定程度上推动城市结构变化。城市结构决定城市功能。从城市的功能出发可以深入研究城市结构是否符合城市发展的需要，通过不断强化城市功能，能够调整和提升城市的结构。城市功能与结构的关系见表4-3。

表4-3 城市功能与结构的关系

	功能	结构
表征	城市发展的动力	城市增长的活力
含义	城市存在的本质特征 系统对外部作用的秩序和能力 功能缔造结构	城市问题的本质性根源 城市功能活动的内在联系 结构的影响更为深远
相关的影响因素	社会和科技的进步和发展 城市经济的增长 政府的决策	功能变异的推动 城市自身的成长与更新 土地利用的经济规律
基本构成内容	城市发展的目标 发展预测 战略目标	城市增长方法与手段的制定 空间、土地、产业、社会结构的整合
总体要求	强化城市综合功能	完善城市空间结构

（二）城市功能与结构的协调

城市功能与结构可以分为不同空间层次的协调、不同城市系统的协调和不同发展阶段的协调三类。一个城市的发展需要基于城市的整体性，协调内部与外部、局部与整体，也需要统筹安排不同城市空间系统的关系，从长远和全局的角度进行城市的规划建设，确保城市健康可持续发展。

二、城市空间布局的基本原则

（一）立足区域整体

城市的总体布局受到城市所在区域自然环境、产业、能源、科技等因素的影响，城市总体布局必须依循区域整体发展思路，分析区域性产业布局和产业结构的影响，解决好经济发展与城市生态资源可持续发展的关系，加强对基础设施建设的研究，关注重大基础设施建设项目对城市布局可能造成的影响。

（二）节约集约、结构清晰

城市空间布局要明确建设重点，抓住城市发展的主要矛盾，在规划布局时，充分发挥城市的主要职能，在保证城市功能正常运行的前提下，尽量节约城市土地，紧凑布局，合理使用农业用地和城市建设用地。空间布局规划结构要清晰合理，明确发展内容的主次，总体布局要充分利用地形地貌、道路绿地等空间划分功能分区，使城市有机高效运转。

（三）远期和近期结合、刚性和弹性结合

城市的总体布局要结合当前城市发展的实际情况，研究城市未来的发展动向，将近期规划与远期规划结合起来，充分利用现有的基础，注重刚性和弹性的结合，加强城市对外界变化的适应性和应变能力。

（四）保护环境、突出地方特色

城市想要谋求长远的可持续发展就必须重视环境建设，在城市空间布局中，要合理设置城市增长边界，控制城市“摊大饼”式发展。要尽可能减少城市经济社会发展对生态环境造成的负面影响。

三、城市空间布局的内容

（一）确定城市主要发展方向

城市的发展方向是指城市各项建设规模需求扩大而引起的城市空间地域扩展的主要方

向。一般以用地适用性评价为基础，对城市用地做出合理选择。

（二）布局城市主要功能

要发挥好城市各个主要功能，科学地对不同功能用地进行规划部署，才能使城市正常有序运转。城市的功能用地主要包括居住生活用地、工业生产用地、公共设施系统、道路交通系统、城市绿地和开放空间等几方面。

（三）控制整体结构

城市总体布局需要考虑城市各功能要素的整体结构，包括以下几个方面：

1. 土地与交通

交通网络对于城市的空间拓展和经济社会的可持续发展具有重大作用，城市的发展应该加快道路基础设施建设和完善交通网络，从城市自身发展要求出发，立足于区域协同发展的视角，整合土地资源和交通网络建设，积极发展公共交通，优化居民出行环境，提高城市可达性。

2. 整体与局部

城市整体结构要处理好整体与局部的关系，促进功能分区和综合性分区的有机结合和转化，推进职住平衡，结合不同分区的特征明确区域发展重点，通过局部发展促进整体良性发展。

3. 中心体系建设

城市中心体系对于城市空间布局具有引领作用，城市核心功能的融合有利于增强城市的核心竞争力，中心体系的发展会对周边区域的发展产生辐射带动作用。

4. 保护区建设

城市保护区一般包括自然资源保护区和历史保护区。在城市空间布局中，应注重保护区建设与城市整体风貌的融合，严格划定保护区的土地建设范围，要正确处理新与旧、自然环境与城市发展之间的关系。

5. 空间资源配置

城市空间扩张通常包括同心圆扩张模式、星状扩张模式、带状生长模式和跳跃式生长模式几类。不同的扩张模式形成的条件和发展模式不同，在研究城市整体结构的时候，要注重这些模式之间的时序关系，避免城市空间的无序延伸。

6. 多方案比较优化

在编制城市空间布局方案的时候要从不同的角度对方案进行比较，综合考虑城市发展的内部和外部条件，深入分析城市空间布局的影响因素。对用地方案进行比较，通常从环境适应性、工程可行性、布局合理性和经济可行性等几个方面入手进行。

四、城市空间布局的不同类型

城市空间结构布局主要分为两种，分别是集中式布局和分散式布局。集中式布局的城市特点是城市主要用地集中成片，而分散式布局则相反，其比较见表 4－4。

表 4－4　　集中式布局与分散式布局的比较

城市布局形式	集中式布局	分散式布局
举例	大多数中小城市	受自然条件限制的中小城市
特点	以一个生活居住用地为中心，多个工业区布置在周围	受地形和河流影响，城市用地分成若干片，每片由一个生活区和工业区组成
原因	自然条件	自然条件
优点	节省成本	工业区分散，造成污染源分散
缺点	环境污染较集中	用地分散，联系不便，市政建设投资也相对较高

城市空间布局类型如图 4－2 所示。

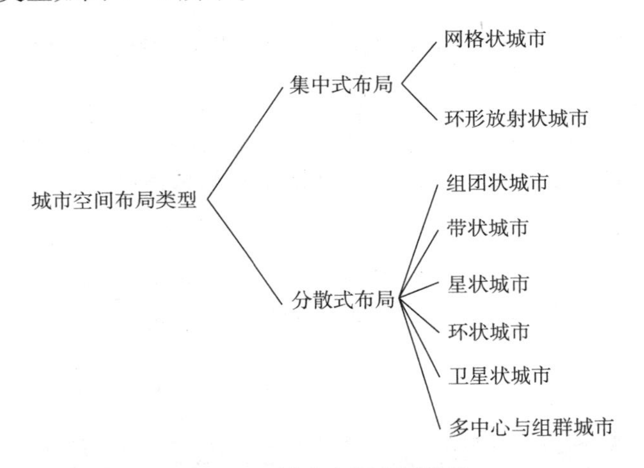

图 4－2　城市空间布局类型

（一）集中式布局

集中式布局又可以分为网格状城市和环形放射状城市等。

1. 网格状城市

网格状城市较为常见，其主要特点是城市形态规整，道路相互垂直，多见于平原地区。华盛顿就是典型的网格状城市。

2. 环形放射状城市

环形放射状多见于大中城市，由放射形和环形道路网组成，有高度聚集性，如北京。

（二）分散式布局

分散式布局可分为组团状城市、带状城市、星状城市、环状城市、卫星状城市、多中心与组群城市等。

1. 组团状城市

组团状城市是指一个城市分成若干不连续的城市用地，每块之间被农田、山地、河流、森林分割。此类城市可根据地势条件灵活布局，但道路管线需铺设较长。典型城市如重庆市。

2. 带状城市

带状城市被限制在狭长的空间内，沿一条主要交通轴线两侧发展，平面景观和交通方向性较强。典型城市如兰州市。

3. 星状城市

星状城市是从城市核心地区沿多条交通走廊向外扩张，走廊之间有大量非建设用地。典型城市如哥本哈根市。

4. 环状城市

环状城市一般围绕着湖畔、山体、农田等要素呈环状发展。典型城市如新加坡市。

5. 卫星状城市

卫星状城市一般是以大城市或特大城市为中心，在周围发展若干个小城市，外围小城市相对独立，但也依靠中心城市发展，如上海为卫星状城市所依靠的大城市。

6. 多中心与组群城市

多中心与组群城市是城市在多种方向上不断发展，不同片区或组团在一定条件下独自发展，逐步形成不同的多样化中心轴线，如日本的京阪神地区。

知识点 4 城市总体规划的编制

学前思考

《北京城市总体规划（2016 年—2035 年）》标志着总体规划已经成为首都发展的法定蓝图。北京的总体规划编制紧紧围绕统筹推进“五位一体”总体布局和协调推进“四个全面”战略布局，牢固树立新发展理念，紧密对接“两个一百年”奋斗目标，立足京津冀协同发展，坚持以人为本，坚持可持续发展，坚持一切从实际出发，注重长远发展，注重减量集约，注重生态保护，注重多规合一，符合北京市实际情况和发展要求，北京编制城市总体规划的生动实践和丰硕成果，起到了重要的示范、引领和表率作用，也是首都对全国的贡献。那么今天我们就一起来了解一下城市总体规划是如何编制的。

知识重点

一、城市总体规划的编制要求

（一）编制年限

城市总体规划的年限一般为 20 年，同时应当对城市远景发展做出轮廓性的规划安排。近期建设规划的年限一般为 5 年。

（二）内容要求

总体规划应体现城市规划的基本原则，根据国家对城市发展和建设方针、经济技术政策、国民经济和社会发展的长远规划，在区域规划和合理组织区域城镇体系的基础上，按城市自身建设条件和现状特点，合理制定城市经济和社会发展目标，确定城市的发展性质、规模和建设标准，安排城市用地的功能分区和各项建设的总体布局，布置城市道路和交通运输系统，选定规划定额指标，制定规划实施步骤和措施，最终使城市工作、居住、交通和游憩四大功能活动相互协调发展。总体规划方案应包括规划文本（包括规划的强制性内容）、图纸、规划说明、研究报告和基础资料等。

（三）编制依据

城市总体规划一方面要遵循党和国家的政策要求，遵循《中华人民共和国城乡规划法》《中华人民共和国土地管理法》《中华人民共和国环境保护法》等，尤其是全国城镇体系规划、省域城镇体系规划，另一方面要遵循相关技术规范、规定、文件，如《城市规划编制办法》、《关于加强城市总体规划修编和审批工作的通知》（建规 [2005]2 号）、《关于印发〈近期建设规划工作暂行办法〉、〈城市规划强制性内容暂行规定〉的通知》（建规 [2002] 218 号）等。城市总体规划还要与交通、基础设施、市政工程、环境卫生工程等其他专业规划相协调。

二、城市总体规划的编制程序

城市总体规划编制的程序要贯彻“政府组织、专家领衔、部门合作、公众参与、科学决策”的原则。工作程序包括：前期研究；编制纲要，提请审查；根据审查意见编制规划成果，提请审查和批准。

三、城市总体规划的编制内容

（一）前期工作

前期工作包括基础资料的收集和规划调研，需要通过文献阅读、访谈、实地勘察等方法，对规划区域的经济社会发展情况进行细致的了解，掌握土地的实际使用情况。

前期工作中有一项重要的工作就是对现行的城市总体规划进行评估，寻找现有规划与城市发展不相适应的部分，针对现有问题开展调研，结合城市发展需要和发展趋势，针对城市性质、功能、空间布局等为城市总体规划的修订提供参考。

（二）编制城市总体规划纲要

城市总体规划纲要的主要任务是研究确定城市总体规划的重大原则，作为编制城市总体规划的依据。《城市规划编制办法》中确定城市总体规划纲要包括下列内容：论证城市国民经济和社会发展条件，原则确定规划期内城市发展目标，论证城市在区域中的地位，原则确定市（县）域城镇体系的结构与布局；原则确定城市性质、规模、总体布局，选择城市发展用地，提出城市规划区的初步意见，研究分析确定城市能源、交通、供水等城市基础设施开发建设的重大原则问题以及实施城市总体规划的重要措施。

（三）编制城镇体系规划

城镇体系规划按行政区域划分为全国城镇体系规划、省域城镇体系规划、市域城镇体系规划和县域城镇体系规划。城镇体系规划内容包括城镇发展布局、功能分区、用地布局、综合交通体系、限制性用地范围和各类专项规划等。

（四）中心城区规划编制

城市中心城区规划要从宏观角度出发，研究城市的发展目标和发展战略，统筹安排城市各项建设。中心城区规划内容包括城市性质、职能和目标，城市人口规模，空间布局，城市各类用地指标，城市交通布局，综合防灾等。

（五）近期规划编制

近期规划是实施城市总体规划的第一阶段，原则上近期规划要与国民经济和社会发展规划一致，规划年限为 5 年，内容包括近期的人口、用地规模、交通发展情况、基础设施建设、保护区建设等。

四、城市总体规划编制中常用的技术方法

（一）收集资料方法

1. 现场调查法

现场调查法通过现场勘测、观察和访谈掌握城市发展现状。现场调查法通常在规划编制初期和中期时使用，通过现场勘查能够对城市有更直观和感性的认知。

2. 访谈法

访谈法按照访谈方式不同可分为访问和座谈；按照接触方式不同可分为直接访谈和间接访谈。访谈时，采访者应保持中立，并及时掌握受访者的情绪反应，判断其回答的有效程度，避免无效访谈。

3. 发放调查问卷法

发放调查问卷法是规划调研时使用较多的一种方法。调查问卷分为封闭式和开放式，封闭式问卷是将问题及答案全部列出，开放式问卷是将问题列出，不给出问题的答案，由问卷填写者根据自身情况填写答案。问卷便于调查人员对结果进行定量分析，但有时从问卷中不能得到深入的资料，或由于问卷填写者的个人原因不能获得有效问卷。

（二）数据描述分析法

1. 频数

频数反映事物绝对量的大小。通过频数可以得到频率大小，公式为：

$$\text{频率}=\frac{\text{频数}}{\text{总数}}\times 100\%$$

频数大表示事物出现的次数多，频率亦然。

2. 平均数

平均数反映了各指标之和的平均。公式为：

$$\bar{X}=\frac{\sum X_1}{n}$$

式中：$\bar{X}$——平均数；

X——总体各指标；

n——总体单位数。

3. 标准差

标准差表示个体在总体上的差异，即离散趋势，标准差也称为均方差，是方差的平方根，用公式表示为：

$$S=\frac{\sqrt{\sum(X_1-\bar{X})^2}}{n-1}$$

（三）数据说明性分析法

1. 相关分析

相关分析表示一个变量 y 与另一个变量 x 之间关系的密切程度和相关方向。公式表示为：

$$R=\frac{n\sum xy-(\sum x)(\sum y)}{\sqrt{n\sum x^2-(\sum x)^2}-\sqrt{n\sum y^2-(\sum y)^2}}$$

R 是 0 到 ±1 之间的系数，若结果为 0，表示 x 与 y 不相关；若结果为 1，则表示 x 与 y 之间正相关；若结果为 –1，则表示 x 与 y 之间负相关。

2. 回归分析

回归分析表示要素之间的相关程度，函数表达式为回归方程。当只有一个自变量时称为一元回归分析，表达式为：$y=a+bx$；当有两个及两个以上的自变量时，称为多元回归分析。

（四）趋势预测方法

1. 因果推断

因果推断指通过已知事实推断可能产生的结果，并对结果进行估计，如通过人口数量推断用地面积。

2. 趋势外推

趋势外推是指根据过去的统计数据，推断从过去到现在再到未来的发展趋势。

3. 情境分析

情境分析又称为前景描述法或脚本法，是在推测的基础上对未来情景进行描述。

（五）地理信息系统

地理信息系统（Geographic Information System，GIS）是运用计算机处理地理信息的综合技术，将空时空间数据数字化、图像化。GIS 主要有以下三种功能：

1. 描述功能

GIS 能够描述人口密度、土地使用、建筑质量、交通流量等属性。

2. 分析功能

GIS 可以将各种因素对应的专业图层叠合起来，进行综合评价。

3. 查询功能

GIS 可以对空间、属性信息进行查询。

五、城市用地适用性评价

城市用地评价主要包括自然环境条件评价、建设条件评价及用地的经济性评价三个方面。其中，每一方面都不是孤立的，而是相互交织在一起的。进行城市用地评价必须用综合的思想和方法。

自然环境条件评价也称为用地适用性评价，与城市的形成和发展密切相关。它不仅为城市提供了必需的用地条件，同时也对城市布局、结构、形式、功能的充分发挥有着很大的影响。城市用地适用性评价主要分为以下几大类：

（一）城市建设用地位置确定的原则

一般情况下，确定城市建设用地位置时需要遵循以下几点原则：

1. 选择有利的自然条件

有利的自然条件一般指地势较为平坦、地基承载力良好、不受洪水威胁、工程建设投资省，而且能够保证城市日常功能的正常运转等。对于一些不利的自然条件，可采用现代技术通过一定的工程措施加以改造，但都必须经济合理、工程可行，要从现实的经济水平和技术能力出发，按近期和远期的规模要求来合理选择用地。

2. 尽量少占农田

保护耕地是我国的基本国策，因此也是城市用地选址必须遵循的原则。在选择城市建设用地时应尽量利用劣地、荒地、坡地，少占农田。

3. 保护古迹与矿藏

城市用地选择应避开有价值的历史文物古迹和已探明有开采价值的矿藏的分布地段。

4. 满足主要建设项目的要求

对城市发展关系重大的建设项目，应优先满足其建设需要，解决城市用地选择的主要矛盾。此外还要研究它们的配置设施如水、电、运输等用地要求。

5. 要为城市合理布局创造良好条件

在用地选择时，要结合城市总体规划的初步设想，反复分析比较，优越的自然条件是城市合理布局的良好基础。

（二）城市居住用地指标和选择

1. 城市居住用地指标

城市居住用地的指标包括居住用地的比重和居住用地人均指标。

（1）居住用地的比重。按照《城市用地分类与规划建设用地标准》规定，居住用地占城市建设用地的比例为25%~40%，可根据城市具体情况取值。如大城市可能偏于低值，小城市可能接近高值。在一些居住用地比值偏高的城市，随着城市发展，道路、公共设施等相对用地的增大，居住用地的比重会逐渐降低。

（2）居住用地人均指标。按照《城市用地分类与规划建设用地标准》规定，居住用地指标按照气候分区划分，Ⅰ、Ⅱ、Ⅵ、Ⅶ区人均面积为28.0~38.0m²，Ⅲ、Ⅳ、Ⅴ区为人均23.0~36.0m²。在城市总体用地平衡的条件下，对城市居住区、居住小区等居住地域结构单位的用地指标，在《城市居住区规划设计规范》中有规定。

2. 城市居住用地的选择

选择城市居住用地的时候，一般应考虑以下几个方面：

（1）选择自然环境优良的地区，有着适于建筑的地形与工程地质条件。

（2）避免易受洪水、地震灾害和滑坡、沼泽、风口等不良条件的地区。在丘陵地区，宜选择向阳、通风的坡面，在可能情况下，尽量接近水面，选择风景优美的环境。

（3）居住用地的选择应协调与城市就业区和商业中心等功能地域的相互关系，以减少居住地—工作地、居住地—消费地的出行距离与时间。

（4)居住用地选择要十分注重用地自身及用地周边的环境污染影响。在接近工业区时，要选择在常年主导风向的上风向，并按环境保护等法规规定间隔有必要的防护距离。

（5）居住用地选择应有适宜的规模与用地形状。合适的用地形状将有利于居住区的空间组织和建设工程。

（6）在城市外围选择居住用地，要考虑与现有城区的功能结构关系，利用旧城公共设施、就业设施，有利于密切新区与旧区的关系，节省居住区建设的初期投资。

（7）居住区用地选择要结合房产市场的需求趋向，考虑建设的可行性与效益。居住用地选择要注意留有余地。

（三）城市公共设施布局

1. 公共设施项目

公共设施项目要合理地配置。所谓合理配置有着多重含义：一是指整个城市各类公共设施应按照城市的需要配套齐全，以保证城市的生活质量和城市机能的运转；二是按城市的布局结构进行分级或系统的配置，与城市的功能、人口、用地的分布格局具有对应的整合关系；三是在局部地域的设施按服务功能和对象予以成套设置，如地区中心、车站码头地区、大型游乐场所等地域；四是指某些专业设施的集聚配置，以发挥联动效应，如专业市场群、专业商业街区等。

2. 公共设施服务半径

公共设施要按照与居民生活的密切程度确定合理的服务半径。服务半径的确定首先是从居民对设施方便使用的要求出发，同时也要考虑到公共设施经营管理的经济性与合理性。服务半径是检验公共设施分布合理与否的指标之一，它的确定应是科学的，而不是随意的或是机械的。

3. 公共设施的布局

公共设施的布局要结合城市道路与交通规划。

4. 公共设施的特点及对环境的要求

应根据公共设施本身的特点及其对环境的要求进行布置。

5. 公共设施布置

公共设施布置要考虑城市景观组织的要求。

6. 公共设施布置顺序

公共设施的布置要考虑合理的建设顺序，并留有余地。在按照规划进行分期建设的城市，公共设施的分布及其内容与规模的配置，应该与不同建设阶段城市的规模、建设的发展和居民生活条件的改变过程相适应。

7. 利用城市原有基础

公共设施的布置要充分利用城市原有基础。老城市公共设施的内容、规模和分布一般不能适应城市的发展和现代城市生活的需要。它的特点是：布点不均匀，门类余缺不一，用地与建筑缺乏，同时建筑质量也较差，具体可以结合城市的改建、改扩规划，通过留、并、迁、转、补等措施进行调整与充实。

（四）城市工业用地布局

1. 工业的分类

按工业性质不同可将工业分为冶金工业、电力工业、燃料工业、机械工业、化学工业、建材工业等，在工业布置中可按工业性质不同分成机械工业用地、化工工业用地等；按环境污染程度可将工业分为隔离工业、严重干扰和污染的工业、有一点干扰和污染的工业、一般工业等。

其中，隔离工业指放射形、剧毒性、有爆炸危险性的工业，这类工业污染极其严重，一般布置在远离城市的独立地段上。严重干扰和污染的工业指化学工业、冶金工业等，这类工业的废水、废气或废渣污染严重，对居住和公共设施等环境有严重干扰。

有一定干扰和污染的工业指某些机械工业、纺织工业等，这类工业有废水、废气等污染，对居住和公共设施等环境有一定干扰，可布置在城市边缘的独立地段上。

一般工业指电子工业、缝纫厂、手工业等，这类工业对居住和公共设施等环境基本无干扰，可分散布置在居住用地的独立地段上。

2. 工业布局的原则

工业在城市中布局的一般原则有以下几点：

（1）有足够的用地面积，用地基本符合工业的具体特点和要求，有方便的交通运输条件，能解决给排水问题。

（2）居住用地应分布在卫生条件较好的地段上，尽量靠近工业区，并有方便的交通联系。

（3）在各个发展阶段中，工业区和城市各部分应保持紧凑集中、互不妨碍，并充分注意节约用地。

（4）相关企业间应取得较好联系，开展必要的协作，考虑资源的综合利用，减少市内运输。

3. 工业用地布局的形式

常见的工业用地在城市中的布局形式有以下几种：

（1）工业用地位于城市特定地区，通常中心城市中的工业用地多是呈此种形态布局，其特点是总体规模较小，与生活居住用地之间具有较密切的联系，但容易造成污染，并且当城市进一步发展时，有可能形成工业用地与居住用地相间的情况。

（2）工业用地与其他用地形成组团。这种情况常见于大城市或丘陵区城市，其优点是在一定程度上平衡组团间的就业和居住，但由于不同程度地存在工业用地与其他用地交叉布局的情况，不利于局部污染的防范。

（3）工业园或独立的工业卫星城。

（4）工业地带。

（五）城市交通用地布局

1. 城市道路系统与城市用地的协调发展关系

初期形成的城市是小城镇，规模较小，也是后来发展的城市的“旧城”部分。城市道路大多为规整的方格网，虽有主次之分，但明显宽度较窄、密度偏高，较适用于步行和非机动化交通。

城市发展到中等城市仍可能呈集中式布局，城市道路网在中心组团仍维持旧城的基本格局，在外围组团会形成更适合机动交通的现代三级道路网，多依旧保持方格网型。

城市发展到大城市逐渐形成相对分散的、多中心组团式布局，中心组团（可以以原中等城市为主体构成）相对紧凑，相对独立，若干外围组团相对分散。城市道路系统开始向混合式道路网转化。

特大城市可能呈“组合型城市”的布局，城市道路进一步发展形成混合型网。

2. 城市用地布局形态与道路交通网络形式的配合关系

城市用地的布局形态大致可分为集中型和分散型两大类。集中型较适用于规模较小的城市，其道路网形式大多为方格网状。分散型城市中，规模较小的城市大多受自然地形限制；而规模较大的城市则应形成组团式的用地布局，组团式布局城市的道路网络形态应该与组团结构形态相一致。

沿河谷、山谷或交通走廊呈带状组团布局的城市，往往需要布置联系各组团的交通性干路和有城市发展轴性质的道路，与各组团路网一起共同形成链式路网结构。

中心城市对周围城镇有辐射作用，其交通联系也是呈中心放射的形态，因而城市道路网络也会在方格网基础上呈放射状的交通性路网形态。

公交干线的形态与城市道路轴线的形态对城市用地形态有引导和决定性的作用。

六、城市总体规划的编制重点

（一）战略引领和刚性管控

城市规划是对城市发展的总体部署与具体安排，对城市未来发展具有战略引领性，应当具有超前的意识、宽广的视野、战略的高度。而城市总体规划是城市规划发挥战略引领和刚性控制作用的关键环节，城市总体规划的编制应当更加尊重和顺应城市发展的内在规律，促进人与自然的和谐相融，在规划理念上有创新、规划内容上有突破、规划方法上有改进，同时加强城市总体规划的刚性管控，从完整布局走向结构量化，进一步突出总体层面的结构控制性思维，通过确定全域城乡发展的总体格局，包括生态格局及空间格局，作为划定生态空间、农业空间及城镇空间，以及划定生态保护红线、城市开发边界等的前提和基础，完善城市治理体系，提升治理能力。

（二）突出区域协调

城市和区域的发展是相辅相成的，要充分分析城市在区域发展中的定位和作用，结合发展特点，突出区域协调，鼓励城市、镇最大限度地发挥比较优势，从而提高整个区域的发展效率。

（三）突出空间管制

城市在发展过程中具有开发性以及复杂性的特点，在城市发展的探寻过程中，人们开始逐渐重视对生态环境的保护，而总体规划中的空间管制就是遵循可持续发展战略思想，对城市的空间进行有效管制，严格控制开发区域，设立开发标准，划定禁建区、限建区、适建区和已建区，突出对环境资源的保护力度。

（四）突出规划的法制性和可实施性

城市总体规划是法制性的，特别是涉及城市发展的重大问题都必须以法律、法规和方针政策为依据。同时，城市总体规划是为了城市建设，规划方案的编制必须反映城市建设的实际需求，解决当前城市面临的突出问题。规划的编制是为了满足实际需求，因此，规划方案必须有可实施性，符合城市发展的客观要求。

练一练

单项选择题：

城市总体规划一般分为（　　）两个层次。

A. 全国城镇体系规划和省域城市体系规划

B. 省域城镇体系规划和市域城镇体系规划

C. 市域城镇体系规划和中心城区规划

D. 中心城区规划和镇总体规划

【**解析**】答案为 C。

参考文献

[1] 陈晓丽 . 社会主义市场经济条件下城市规划工作框架研究 [M]. 北京：中国建筑工业出版社，2006.

[2] 顾朝林 . 论中国“多规”分立及其演化与融合问题 [J]. 地理研究，2015，34(4): 601-613.

[3] 官卫华，刘正平，周一鸣 . 城市总体规划中城市规划区和中心城区的划定 [J]. 城市规划，2013，37(9): 81-87.

[4] 郐艳丽，田莉 . 城市总体规划原理 [M]. 北京：中国人民大学出版社，2005.

[5] 谭纵波 . 城市规划 [M]. 北京：清华大学出版社，2005.

[6] 田若敏，张磊，宋海泉，等 . 规划是公共政策还是公共愿景——基于全国 80 个大中城市总体规划的环境议题的文本分析 [J]. 规划师，2017(5)：83-87.

[7] 吴志强，李德华 . 城市规划原理 [M]. 4 版 . 北京：中国建筑工业出版社，2010.

[8] 赵民，郝晋伟 . 城市总体规划实践中的悖论及对策探讨 [J]. 城市规划学刊，2012(3): 1-9.

第五单元

城市详细规划

Unit

学习导引

本单元讲的是控制性详细规划的相关知识，将从基本概念、特征与作用，控制性详细规划发展沿革，控制性详细规划的两类控制指标，以及公众如何参与编制等方面详细介绍我国控制性详细规划的相关内容。

本单元涉及概念较多，实用性较强，大家在学习过程中，可将本单元的学材内容联系生活中的实践案例进行学习。

学习目标

学完本单元内容之后，你能够：

（1）掌握控制性详细规划的基本概念、特征与作用；

（2）了解控制性详细规划的发展历程；

（3）了解控制性详细规划的核心控制指标；

（4）了解如何参与控制性详细规划的编制。

知识结构图

图 5－1 是本单元内容的知识结构图，包含四部分内容：控制性详细规划的概念和发展沿革、控制性详细规划的规定性指标、控制性详细规划的指导性指标、中国控制性详细规划管理中的公众参与。接下来我们将在这个整体框架的指引下逐一学习每个知识点的具体内容。

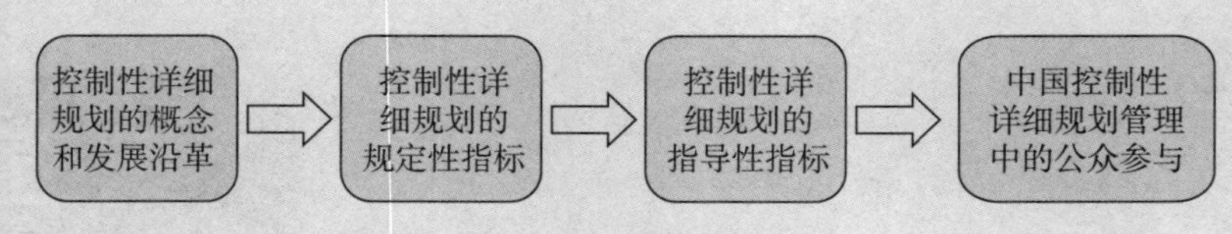

图 5-1　知识结构图

看完上面的知识结构图后，大家可能对本单元要学的内容已经有了初步了解，那么接下来我们就按照这个框架来逐一学习各个知识点的内容。

知识点 1 控制性详细规划的概念和发展沿革

学前思考

大家去过很多城市，发现每一个城市都不一样，总体上呈现出城市越大，城市的风貌、城市的环境品质越好，越往中心城区、历史街区、城市重要景观节点周边，城市的空间越统一、越有序，给人一种清新明亮的体验感；相反，越是小城市，越到城市边缘区，城市环境品质通常越糟糕，脏乱差现象越明显。为什么会这样呢？同样是城市，为什么有的城市环境好，空间有序，有些地方则混乱不堪呢？大家可以带着这些思考进入下面的学习。

知识重点

我们知道，城市自诞生以来就一直在不断地发展变化，我国自改革开放以来，城市每天都有大量的建设活动，城市面貌日新月异。那么，在城市大量的建设活动中，如何实行土地有序开发，保证城市建设风貌统一呢？城市规划管理部门运用什么样的手段对城市开发建设活动进行指引，从而保障我们的城市避免混乱无序，实现健康发展呢？

一、控制性详细规划的概念

自 1982 年上海虹桥开发区为出让土地，创造性地使用指标控制引导城市建设开发以来，控制性详细规划在我国城市开发建设实践中已有 30 多年的历史。自《城市规划编制办法》颁布以来，虽然历经多次修订，但都将我国城市规划编制分为总体规划和详细规划两个阶段。详细规划根据规划的深度和管理的需要可分为控制性详细规划和修建性详细规划。从规划的层面来看，我国的城市规划可分为战略层面和操作层面，总体规划被视为战略层面，修建性详细规划属于操作层面，控制性详细规划是两个层面的衔接，同时也是我国城市规划管理的重要依据。

目前控制性详细规划的定义很多，但都离不开以下内涵要点：以城市总体规划、分区规划为依据，以落实总体规划意图为目的，以土地使用控制为重点，详细规定规划范围内各项建设用地的性质、开发强度和空间环境等控制性指标和其他规划管理要求，为城市国有土地使用权出让和规划管理提供依据，并指导修建性详细规划、建筑设计和市政工程设计的编制。

二、控制性详细规划的特征

作为我国城市规划的一种主要类型，控制性详细规划既具有其他规划的共有属性，也具有自己的独特属性。

（一）法定性特征

控制性详细规划是我国法定规划体系（见图5－2）的重要组成部分。控制性详细规划是城市总体规划法律效应的延伸和体现，是总体规划的法律效用得以体现与落实的重要手段，编制审批过的控制性详细规划具有法定效应，受《城乡规划法》保护。

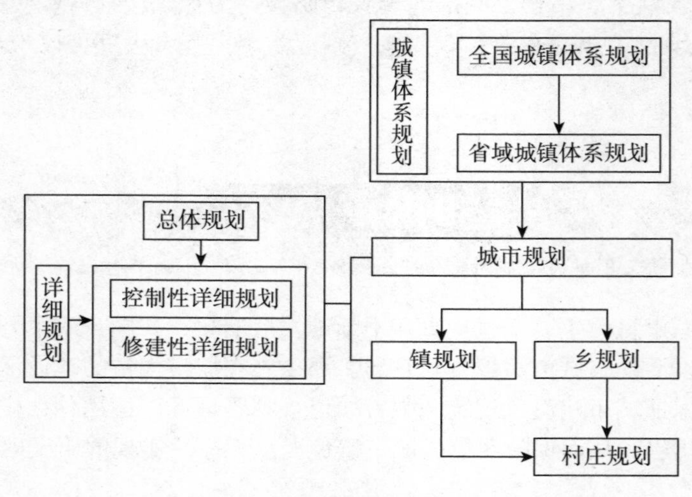

图5－2　我国法定规划体系

《城乡规划法》明确规定，控制性详细规划是城镇土地转让与开发的必备条件。以划拨或出让方式提供国有土地使用权的，建设单位应当向城乡规划主管部门申请核发选址意见书、建设用地规划许可证。城市、县人民政府城乡规划主管部门应当依据控制性详细规划，提出出让地块的位置、使用性质、开发强度等规划条件，作为国有土地使用权出让合同的组成部分。

（二）是城市规划建设管理的有效手段

编制和应用控制性详细规划的目的是指导城市建设有序发展，实现城市管理科学高效。控制性详细规划将指引城市建设的一系列指标通过图则标定，图则通过一系列的城市规划技术方法表达，采用控制线和控制点等对建设用地、设施、建筑色彩样式等进行定位控制，如地块边界、道路红线、建筑后退线及绿化控制线及控制点等。将规划的法律效应图解化，使其具有可解读、可操作性。控制性详细规划图则经法定程序审批后上升为具有法律效力的地方法规，具有行政法规的效能，图则（见图5－3）也成为控制性详细规划发挥功能的重要媒介。如今，我国城镇土地的招拍挂及开发建设都需要遵循相应地块的控制性详细规划规定才能有效进行，否则就会违法违规，受到相应的处罚。

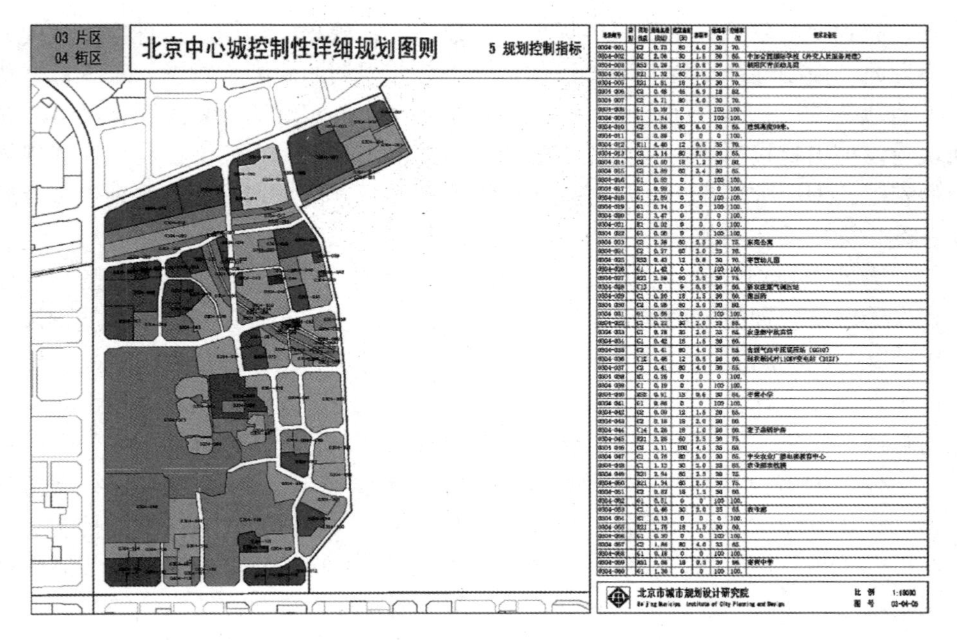

图 5－3　北京中心城控制性详细规划图则

资料来源：北京市城市规划设计研究院。

（三）控制引导性和灵活操作性

控制性详细规划因其有效的控制引导性及灵活操作性而很好地适应了改革开放后我国城市快速扩张建设的现实需求，从而得以快速普及推广，并最终成为我国城市规划体系的重要组成部分。

它的控制引导性主要表现在对城市建设项目具体的定性、定量、定位、定界的控制和引导。控制性详细规划通过对土地使用性质的控制来规定土地允许建什么，不允许建什么，应该建什么；通过建筑高度、建筑密度、容积率、绿地率等控制指标来控制土地的使用强度，以及土地建设的意向框架，从而达到引导土地开发的目的。

它的灵活操作性表现在两方面：一是控制性详细规划通过对抽象的规划原则和复杂的规划要素进行简化和图解，再从中提炼出控制城市建设的最基本要素，通过一些基本要素指标的控制引导，政府管理部门就可以大大缩短决策、土地批租和项目建设的周期，从而提高城市建设和房地产开发的效率，这也是我国现在能快速推进城市建设的原因之一。二是控制性详细规划在确定了必须遵循的控制指标、原则外，还兼顾城市建设的“弹性”，如某些建筑色彩、高度等指标可在一定范围内浮动，同时一些涉及人口、建筑形式、风貌及景观特色等的指标可根据实际情况参照执行，以更好地适应城市发展变化的要求。

三、控制性详细规划的作用

控制性详细规划的作用体现在以下四个方面：

第一，起到承上启下，衔接总体规划与修建性详细规划的作用。这种作用表现在两个方面。一方面，控制性详细规划通过量化指标将总体规划的原则、意图、宏观目标转化为对城市土地乃至城市三维空间定量、微观的控制，从而落实总体规划意图，又可对城市分区及地块建设提出直接指导修建性详细规划编制的准则。另一方面，控制性详细规划将总体规划的宏观管理要求转化为具体的地块建设管理指标，使规划编制与规划管理及城市土地开发建设一脉相承，避免彼此之间相互“打架”。

第二，为城市规划管理提供依据。好的城市通常是“三分规划，七分管理”。控制性详细规划作为城市管理的一种重要工具，对于现代城市管理起着重要作用，能将规划控制要点，用简练、明确的方式表达出来，作为控制土地批租、出让的依据，正确引导开发行为，实现规划目标，并且通过对开发建设的控制，使土地开发的综合效益最大化，有利于实现规划管理条例化、规范化和法制化，让管理有抓手、有依据。

第三，体现城市设计构想。控制性详细规划的控制指标主要有建筑色彩、建筑形式、建筑体量、建筑群体空间组合形式、建筑轮廓线控制等，通过对这些指标的控制基本可塑造一个城市的风貌。控制性详细规划将城市总体规划、分区规划的宏观构想，以微观、具体的控制要求进行体现，并直接引导修建性详细规划及环境景观设计等的编制。

第四，控制性详细规划是城市政策的载体。在政府工作中，很多发展政策与思路是通过规划落实的，如在城市用地、产业布局、基础设施建设及配置等方面都可以通过控制性详细规划的指标加以影响，甚至是调整、修改，从而配合城市整体政策落实，促进发展目标的实现。

四、我国控制性详细规划产生的背景及历史原因

控制性详细规划不是天生就有的，是受现代城市管理思想的影响，在服务于现代城市发展需要的背景下诞生的。追溯起来，我国的控制性详细规划从20世纪80年代中期产生至今，已有30多年的时间。期间经历了大量的实践、创新与改革，才配合其他规划形成今天我国较为完备的规划体系。

我国控制性详细规划诞生于改革开放初期城市快速扩张建设的时代背景下。改革开放后，我国由计划经济体制向社会主义市场经济体制转变，城市土地也由无偿无限期使用转向了有偿有限期使用，土地进入市场，成为市场经济的一部分。如何应对体制改革，对城市土地这一资源进行有效利用和分配，是我国城市建设、开发、管理面临的挑战。这就是我国控制性详细规划产生的背景。

我国控制性详细规划产生的历史原因如下：

（一）城市建设的新变革

首先是国有土地入市带来一系列城市建设新问题。1987年，深圳率先实行了国有土地有偿出让制度，以此为开端，我国城市土地使用逐步由无偿划拨向有偿使用转变。土地使用制度的转变，要求城市规划与之相适应，即相应的管理思路与技术手段应满足土地招投标出让的管理及技术要求，这直接促进了控制性详细规划的引入与产生。

其次是建设方式与投资渠道变化带来的新要求。随着土地使用制度的改革，企业、社会、私人相继进入土地开发领域，但各利益主体对于城市建设要求、利益追求都不一样，因此需要找到一种比较可行的土地开发管控方式，以满足不同开发主体的利益诉求，以满足政府对于大量开发建设任务的管理。例如，1982 年，采用土地批租制度出让土地的上海虹桥开发区第 26 号地块就通过引入外资，与 6 个国家签订了借地协议，成为当时具有代表性的多元投资建设地块，也开创了我国控制性详细规划的先河（见图 5－4）。

这种时代背景的变化，就需要一种新的规划——控制性详细规划，其可以使城市土地开发得到有效控制，城市总体规划落到实处，保障城市建设健康、有序发展。

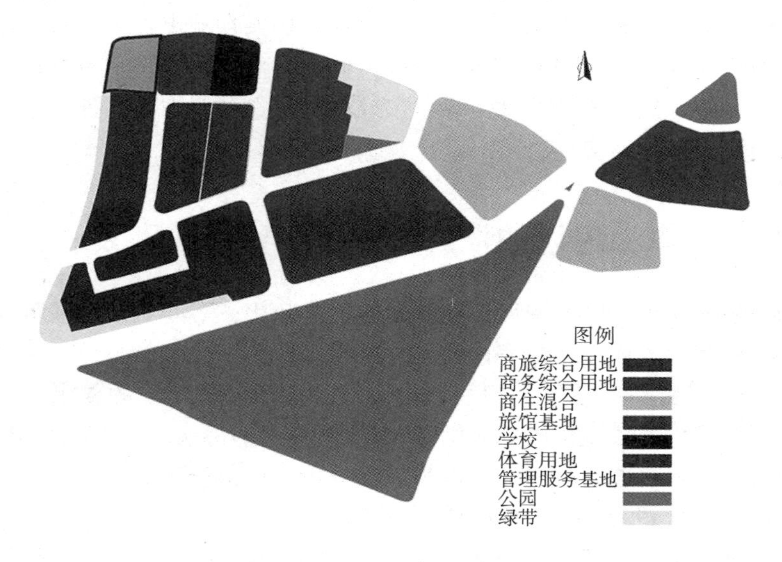

图 5－4　上海虹桥开发区详细规划用地布局图

（二）城市规划管理的新要求

改革开放后，政府开始推动土地入市，土地可以进入市场交易后，城市土地不再无偿使用，政府通过城市土地的批租、出让、转让等方式获得利益，并把收益用于城市公用事业。在土地投放上，也不再是采用计划性的行政划拨模式，而是根据城市土地的供求情况，采用分期、分批的方式把土地放入市场进行买卖。城市规划和管理应该运用价值规律，从经营的角度进行土地资源配置，使城市土地的配置效用达到最优。控制性详细规划就是实现土地资源最优配置的一个有效手段：一方面，根据区位的不同，采用不同的控制要求，合理确定土地价格；另一方面，在行政调节之外，依靠经济、法律、技术等手段实现城市规划的意图。

（三）规划设计工作的新要求

第一，控制性详细规划可满足大规模开发建设的规划管理工作要求。控制性详细规划把许多规划指标分解到具体的地块上，包括用地控制、环境容量控制、建筑形态控制、交通控制内容、城市设计引导及控制要求，通过微观层面的规划，落实宏观规划的要求，提供简练、明确、具体的规划成果，具有较强的实施性和操作性，有利于制定或转化为规划管理实施条例，可以较好地满足新形势下复杂的规划管理要求。

第二，复杂多变的城市发展建设需要更具弹性的规划。总体规划过于笼统，修建性详细规划虽然明确直观，但缺乏灵活性和弹性，而控制性详细规划则弹控兼具：一方面对划分的不同地块的开发控制指标进行了确定，维护了规划的原则性与严肃性；另一方面，控制性详细规划具有一定的灵活性和弹性，在明确每块土地使用性质及地块的控制指标外，也提供了体现用地性质兼容性和用地控制指标变化幅度的弹性指标。

第三，承上启下，符合我国规划体系的要求。城市从总体规划到修建性详细规划，是一个从宏观到微观，从战略层面到操作层面的过程，如果在城市具体项目建设过程中，需要将总体规划的宏观政策目标与原则通过一些可操作、可实施的技术方法传递于修建性详细规划，控制性详细规划则因其技术特点，正好满足了这种要求。另外，控制性详细规划的控制性与指导性指标有利于指引城市设计实施。

五、我国控制性详细规划的发展进程

为了更加清晰地认识我国控制性详细规划的发展变化，下面对其发展历程进行梳理。

第一阶段：萌芽探索期（1982—1990年）

1982年，在上海虹桥开发区的规划建设中，为适应外资建设的要求，进行了土地出让规划和管理，并采用8项规划指标对用地建设进行规划控制，开创了我国控制性详细规划的先河。随后在兰州、厦门、桂林、广州、温州等城市进行不同侧重点的专项研究与试点，使得控制性详细规划不断在国内推广，被各地规划管理部门相继采用。这一时期主要是探索控制性详细规划怎么编制、怎么实施，以及如何与总体规划与修建性详细规划结合起来，尚未形成统一的模式与方法。

第二阶段：发展转型期（1991—2007年）

1991年，建设部颁布实施了《城市规划编制办法》，明确了控制性详细规划的编制内容和要求。这是第一次从国家层面明确了控制性详细规划编制的要点内容，标志着控制性详细规划正式在国家层面全面推广。随后，1995年建设部制定了《城市规划编制办法实施细则》，进一步明确了控制性详细规划的地位、内容与要求，使其逐步走上了规范化的轨道。在这一时期，控制性详细规划逐渐发展成为城市规划体系中的重要一环。这一时期也成为控制性详细规划转型发展的重要时期。

第三阶段：成熟稳定期（2008年至今）

2008年开始施行的《城乡规划法》第十九条规定：城市人民政府城乡规划主管部门根据城市总体规划的要求，组织编制城市的控制性详细规划，经本级人民政府批准后，报本级人民代表大会常务委员会和上一级人民政府备案。第二十条规定：镇人民政府根据镇总体规划的要求，组织编制镇的控制性详细规划，报上一级人民政府审批。县人民政府所在地镇的控制性详细规划，由县人民政府城乡规划主管部门根据镇总体规划的要求组织编制，经县人民政府批准后，报本级人民代表大会常务委员会和上一级人民政府备案。《城乡规划法》明确了控制性详细规划的地位，并且对其编制、审批、修改的流程与注意事项作了规定，大大地提升了控制性详细规划的地位，让其操作更加正规化。

练一练

多项选择题：

1. 我国控制性详细规划的作用主要有（　　）。

A. 起到承上启下，衔接总体规划与修建性详细规划的作用

B. 为城市规划管理提供依据

C. 体现城市设计构想

D. 城市政策的载体

【解析】控制性详细规划作为我国城市规划体系的重要组成部分，在我国城市规划管理中扮演着重要角色，主要有：(1) 起到承上启下，衔接总体规划与修建性详细规划的作用；(2) 为城市规划管理提供依据；(3) 体现城市设计构想；(4) 是城市政策的载体。

2. 我国控制性详细规划的发展经历了几个时期？（　　）

A. 萌芽探索期　　B. 成熟稳定期

C. 发展转型期　　D. 追赶进步期

【解析】我国控制性详细规划的发展大体上可以划分为三个阶段，分别是：萌芽探索期（1982—1990 年）、发展转型期（1991—2007 年）、成熟稳定期（2008 年至今）。

知识点 2　控制性详细规划的规定性指标

学前思考

大家都知道我们的城市包罗万象，由形形色色的建筑物、绿地、道路、河流等组成，城市因不同的功能而又划分了不同的区域……在我们的城市规划方案编制、城市规划管理中，这些所有的物质要素，都可能是我们规划设计的对象，也会是城市管理的对象。规划建设正是通过对这些物质要素进行空间组合、环境设计、功能分区，从而形成了现实中功能齐全、环境宜人的城市。

那么，这些城市物质要素又该如何进行设计，如何对其进行控制，控制哪些要素，才能设计出功能齐全、整齐统一、空间有序的城市呢？下面我们就对这些问题进行一一解答。

知识重点

通过本知识点的学习，将掌握控制性详细规划的控制体系、控制性详细规划的规定性指标等内容。

控制体系是控制性详细规划的核心内容，也是影响控制性详细规划控制功能发挥的关键。我国的控制性详细规划包括控制内容和控制方法两个层面的内容。

（1）控制内容是指规划所控制的要素，即控制的对象，它对控制性详细规划功能作用的影响主要在功能作用发挥的广度上。这里所指的要素是指城市环境建设中所涉及的物质环境，基本上覆盖了所能见到的一切，如道路、房子、绿化、防护设施等。

（2）控制方法是指为了实现规划意图而采取的控制手段，它决定了控制性详细规划功能作用发挥的深度与好坏，也间接影响城市建设的环境品质。

显然，控制内容与控制方法共同组成了控制性详细规划的体系。

从城市规划管理的角度来审视城市建设活动，建设活动就是控制性详细规划所要作用、控制的对象。通常来说，城市建设活动包括 6 个方面：土地使用、环境容量、建筑建造、城市设计引导、配套设施、行为活动，如图 5－5 所示。控制体系包含 6 个方面，又派生出 12 个主要控制性指标。控制性指标根据操作的性质与方法，可分为规定性指标和指导性指标两类。本知识点将介绍规定性指标，指导性指标将在下一个知识点中介绍。

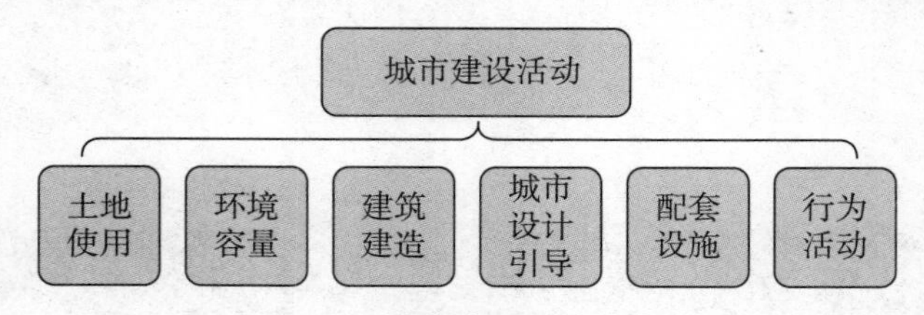

图 5－5　城市建设活动的内容

一、规定性指标的定义

规定性指标（指令性指标）是指该指标是必须遵照执行不能更改的，属于强制性类指标。规定性指标包括：用地性质、用地面积、建筑密度、建筑限高（上限）、建筑后退红线、容积率（单一或区间）、绿地率（下限）、交通出入口方位（机动车、人流、禁止开口路段）、停车泊位及其他公共设施（中小学、幼托、环卫、电力、电信、燃气设施等）等。这些指标都是城市建设中看得见摸得着、容易度量与评判的指标，是控制性详细规划最为核心的指标内容，也是土地出让开发中规划管理部门重点监控的指标。

二、规定性指标的具体内容

（一）土地使用控制

1. 概念

土地使用控制是指对建设用地上的建设内容、位置、面积和边界范围等方面做出规定，具体内容包括用地面积、用地边界、用地性质、用地兼容性等。

2. 作用

（1）可以将总体规划层面的土地使用政策细化落实，同时也可以通过控制性详细规划层面的修改、调整，将总体规划层面对于土地安排不合理的地方进行修正。

（2）可以将总体规划中有关土地利用的信息传递于修建性详细规划，避免总体规划与修建性详细规划脱节。

（3）有利于土地确权，以及土地权益分配与调整。

3. 具体内容

（1）用地面积。

用地面积是指建设用地面积，是由城市规划行政部门确定的建设用地边界线所围合的用地水平投影面积，单位为 hm^2（公顷 / 万平方米）。在城市中，用地面积的大小受多方面因素影响，包括用地边界的四至范围（如道路、河流、行政边界等），土地的使用性质、开发模式、区位、地块形状等。

（2）用地边界。

在城市中，用地边界是规划用地与道路或其他规划用地之间的分界线，用来划分用地范围边界，在图中通常用红线表示。常见的用地边界有三种类型：一是自然边界，如河流、湖泊、山体；二是人工边界，如道路、高压走廊灯；三是概念边界，如行政边界线、安全设施防护界线等。在我国，用地边界被视为界定地块使用权属的法律界线，将城市用地划分成各个地块，便于规划控制管理。

现实中，城市的界线通常会遵照以下七项原则进行确定：1）按照规划内容，由用地部门与单位划分；2）尽量保持单一用地性质划分，避免多项用地混合；3）结合自然边界、行政边界划分；4）应有良好的交通连接；5）有利于土地统一开发；6）便于文物古迹和历史街区保护；7）尊重现有土地使用和产权边界。这七项原则是基于城市用地常见现象进行制定的，以便于操作为导向。

除上述原则外，我国还有专门针对各类重要、特殊用地界线的规定，也就是常说的“红黄蓝绿紫”线。如对于城市各类绿地范围控制界线的有《城市绿线管理办法》；针对历史文化街区、保护建筑等的有《城市紫线管理办法》；针对城市基础设施控制界线的有《城市黄线管理办法》；针对城市地表水体保护和控制的有《城市蓝线管理办法》。

（3）用地性质。

用地性质是指对城市规划区内的各类用地所规定的使用用途。大部分用地的使用性质是通过土地上的附属建（构）筑物的用途来体现的。在我国，城市规划用地性质的划分是按照《城市用地分类与规划建设用地标准》（GB50137–2011）来确定的，标准把城市建设用地分为 8 大类、35 中类、42 小类。

城市用地性质的确定原则有：根据城市总体规划、分区规划等上位规划的用地功能定位，确定具体地块的用地性质；相邻地块的用地性质不应当冲突；地块较大时，应根据用地性质合理配置，调整局部地块的用地性质。

（4）用地兼容性。

土地混用在城市中越来越常见，也是比较复杂的一种情况。这里所讲的用地兼容性有两方面的意思：一是指不同使用性质的土地在同一地块中共处的可能性；二是指同一土地使用性质的多种选择与置换的可能性。通常，土地使用性质的兼容主要由用地性质和所用土地上的建筑物的类型反映出来，兼容性也给规划管理提供了一定程度的灵活性。在规划中，土地兼容性规定的运用有利于适应多种开发主体的利益表达，适应城市发展需要。其既能很好地规范城市发展需要，又能适应外界变化需求，为城市土地开发预留更多空间与弹性，以适应市场经济发展需要。

通常来说，土地使用兼容的原则有四条：要与总体规划用地布局一致；土地开发强度不能超过市政基础设施负荷；满足城市空间形态和景观要求；减少不良影响及对外部环境的干扰，发挥土地经济效益。

（二）环境容量控制

1. 概述

控制性详细规划的环境容量主要分为城市自然环境容量和城市人工环境容量两方面。城市自然环境容量主要表现在日照、通风、绿化等方面；城市人工环境容量主要表现在市政基础设施和公共服务的负荷状态上。环境容量的控制是为了保证良好的城市环境质量，对建设用地能够容纳的建设量和人口集聚量做出合理规定。控制内容为容积率、建筑密度、绿地率等。

2. 作用

环境容量的控制作用有三方面：首先，环境容量的控制基于城市环境承载能力的有限性，设定数种指标以限定开发强度，保证城市健康有序运转；其次，设置环境容量指标，使土地使用效率和环境品质达到一定的平衡；最后，设置环境容量指标是为了保证城市整体运转效率，以免造成基础设施超负荷运转。

3. 具体内容

（1）容积率。

容积率是人们最为熟悉的一项控制指标，如果去购房，人们通常会问小区的容积率，它一定程度上体现了开发地块的环境品质。容积率是衡量土地使用强度的一项指标，是地块内所有建筑物的总建筑面积和用地面积的比值。通常在城市开发中，容积率可根据需要制定上限与下限。设置容积率的上限是为了防止城市土地过度开发，导致城市超负荷运转和环境品质下降；设置下限是为了避免低效开发，保障土地能经济高效利用。计算公式为：

容积率 = 建筑面积 / 地块面积 × 100%

城市因区位、地理环境、用地性质、发展目标不一样，开发强度也就不同，相对的容积率也就不一样。影响容积率大小的因素多种多样，总体来看有以下几项：1）土地使用性质。土地使用性质不同，其功能要求、环境容量也不同。2）地块的区位。区位决定了地块的地租与经济效益，从而也反映了容积率的高低。3）地块的基础设施条件。基础设施越好的地段，其承载力越好，开发强度越大，容积率也就越高，反之亦然。4）人口容量。人口容量直接决定了容积率的高低，一般情况下容积率与人口容量成正比。5）地块的空间环境条件。地块的外围交通环境、自然环境承载力越好，开发的潜质就越大，容积率也就越高，反之亦然。6）地块的土地出让价格条件也会影响容积率的大小，通常租金越高，建设量越大，容积率就越高。7）城市设计要求。城市的环境品质、艺术设计也会影响开发地块的容积率。8）建造方式和形体规划设计。

（2）建筑密度。

建筑密度是指规划地块内各类建筑基底面积占该块用地面积的比例，其可以反映出一定用地范围内的空地率和建筑密集程度。计算公式为：

建筑密度 =（规划地块内各类建筑基底面积之和 / 地块面积）× 100%

在居住区中，对于建筑密度尤为重视，其决定了居住环境的舒适度。建筑密度的决定因素主要是住宅层数和决定日照间距的地理纬度与建筑气候区，通常在以多层住宅为主的居住区里，如果住宅层数较低，则建筑密度可相应增大。建筑的环境要求和建造形式对于建筑密度的影响也非常大，别墅区的建筑密度要小于普通居住区的建筑密度，以高层住宅为主的居住建筑密度则低于多层居住区的建筑密度。此外，由于地块面积大小、地块的使用性质不同以及地块周边的用地情况各异，建筑密度也会有所不同。

（3）绿地率。

绿地率是指规划地块内各类绿化用地面积总和占该用地面积的比例，是衡量地块环境质量的重要指标，也是人们比较关注的指标。计算公式为：

绿地率 =（地块内绿化用地总面积 / 地块面积）× 100%

绿地率指标的控制通常以下限为准。这里的绿地包括公共绿地、中心绿地、组团绿地、公共服务设施所属绿地和道路绿地（道路红线内的绿地），不包括屋顶绿地、晒台绿地等。绿地率可以保证城市的绿化和开放空间，为人们提供休憩和交流的场所。绿地率这一衡量居住环境的重要指标是管理者、设计师、开发商、购房者关注的重点。

（三）建筑建造控制

1. 概念

建筑建造控制是为了满足生产、生活所需的良好环境条件，对建设用地上的建筑物布置和建筑物之间的群体关系作出的必要的技术规定。控制内容有建筑高度、建筑后退、建筑间距等。

2. 作用

建筑建造控制对于我国的城市建设管理非常重要，尤其是在当前土地紧张的时期，每一个企业都想建更多的房子，修更高的楼。如果任其修建，城市建设将完全失控，城市的环境品质也会随之下降。因此，建筑建造控制的意义重大，总体看来，有四方面的作用：（1）通过将建筑建造的一些关键数据提炼出来作为控制指标，使城市规划行政主管部门在具体的开发建设中能切实可行地对建筑建造进行控制和引导；（2）设置建筑建造指标，指导下一阶段的修建性详细规划和具体的城市设计，使其有据可依；（3）设置建筑建造的指标是为了满足城市市政建设、防灾建设、信息通信、环境卫生等方面的专业要求，如足够的间距可以保障消防疏散；（4）为了提高城市环境品质和保护特殊地块需要对建筑建造指标进行定量化控制；同时也保障周边地块现实或未来的开发权益。如建筑高度过高或者建筑后退地块边界距离太小都会影响周边地块的开发利益。

3. 具体内容

（1）建筑高度。

通常所说的建筑高度是指建筑物室外地面到其檐口（平屋顶）或屋面面层（坡屋顶）的高度。在城市建设过程中，为了克服经济利益的驱动而盲目追求建筑高度造成千篇一律的城市景观，并根据建筑物所处不同区位及其对城市整体空间环境的影响程度，规划部门需要对建筑建造提出一个许可的最大限制高度（上限），这就是建筑高度这一指标的由来。建筑高度会受到经济、社会环境、基础设施条件等多方面因素的影响。

综合建筑高度确定的各种因素，建筑高度的原则确定如下：1）符合建筑日照、卫生、消防和防震抗灾等要求；2）符合用地的使用性质和建（构）筑物的用途要求；3）考虑用地的地质基础限制和当地的建筑技术水平；4）符合城市整体景观和街道景观要求；5）符合文物保护建筑、文物保护单位和历史文化保护区周围建筑高度控制要求；6）符合机场净空、高压线及无线通信通道（含微波通道）等建筑高度控制要求；7）考虑在坡度较大地区不同坡向对建筑高度的影响。

（2）建筑后退。

建筑后退是指在城市建设中，建筑物相对于规划地块边界和各种规划控制线的后退距离，通常以后退距离的下限进行控制。建筑后退控制线和用地红线一样，也是一个包括空中和地下空间的竖直的三维界面。

建筑后退主要包括退线距离和退界距离两种。退线距离是指建筑物后退各种规划控制线（包括规划道路、绿化隔离带、铁路隔离带、河湖隔离带、高压走廊隔离带）的距离；退界距离是指建筑物后退相邻单位建设用地边界线的距离。

保证必要的建筑后退非常必要。首先，可以避免城市建设过程产生混乱，让建筑间能有适宜的空地，给城市“留白”。其次，要保证必要的安全距离。一方面，要给公路、河道、电力线等留下足够通畅的廊道；另一方面，要估计消防、防灾、地震时房屋坍塌的避灾需要。最后，保证必要的城市公共空间和良好的城市景观需要。

建筑退界距离因不同建筑、不同功能、不同场地而不同，每一种类型的建筑或设施在修建过程中都有自己的规定，具体可参见相应的规范要求。

（3）建筑间距。

建筑间距是指两栋建筑物或构筑物外墙之间的水平距离。建筑间距的控制是使建筑物之间保持必要的距离以满足防火、防震、日照、通风、采光、视线干扰、防噪、绿化、卫生、管线敷设、建筑间距布局形式以及节约用地等方面的基本要求。

建筑间距是一个综合概念，通过对建筑间距进行控制可以影响建筑密度。如北方城市因日照间距大，所以同样类型的居住用地的建筑密度比南方城市要小。建筑间距根据建筑前后左右之间的布局关系可以分成日照间距和侧向间距。

日照间距：指前后两排房屋之间，为保证后排房屋在规定的时日获得所需日照量而保持的一定间隔距离。

侧向间距：又称山墙间距，是指建筑山墙之间为满足道路、消防通道、市政管线敷设、采光、通风等要求而留出的建筑间距。

建筑间距具有多种综合功能，根据间距的主体功能可以分为消防间距、通风间距、生活私密性间距、城市防灾疏散间距等。这些是建筑建造活动中最为常见的间距控制，并都有相关规范要求。

（四）行为活动控制

相对于前几项以建设活动或物质要素为对象的管控来说，此项内容关注的则是人的行为活动，这在很大程度上大大地拓展了控制性详细规划的管控范围。

1. 内容

根据城市运行的特点，我们将行为活动控制的内容分为交通活动控制与环境保护控制两部分内容。

交通活动控制包括交通出入口方位、禁止机动车出入口路段、交通运行组织、地块内允许通过的车辆类型、地块内停车泊位数量、装卸场地位置和面积等内容。

环境保护控制是指制定污染物排放标准，防止在生产建设或其他活动中产生的废气、废水、废渣、粉尘、有毒有害气体、放射性物质以及噪声、振动、电磁波辐射等对环境的污染和危害，达到保护环境的目的。

2. 作用

总体来讲，在控制性详细规划中设置行为活动控制指标，可以在提升城市环境质量和提高城市运行效率等方面起到重要作用。具体表现在以下三方面：首先，在具体地块内进行交通活动控制，可以形成合理的交通组织方式，并减少对外界的干扰。扩大到整个城市，通过对各地块的交通活动进行控制可以正确引导城市的交通需求和城市的整体出行结构。其次，通过对城市环境保护相关指标进行控制可以维护城市生态系统，提升城市整体环境容量，为人们的优质生活提供良好的外部自然环境。最后，可以促使人们形成良好的生活习惯，降低城市整体运营成本，实现城市的可持续发展。

练一练

多项选择题：

1. 下列选项中，属于土地使用控制内容的有（　　）。

A. 用地面积　　B. 用地性质　　C. 用地兼容性　　D. 用地边界

【解析】答案为 A、B、C、D。控制性详细规划中土地使用控制的内容包括用地性质、用地兼容性、用地边界和用地面积。

2. 以下哪些选项影响城市建设地块容积率？（　　）

A. 土地使用性质　B. 人口容量　C. 用地边界

D. 城市设计要求　E. 地块的土地出让价格条件

【解析】城市建设中，影响容积率的因素有：土地使用性质、地块的区位、地块的基础设施条件、人口容量、地块的空间环境条件、地块的土地出让价格条件、城市设计要求、建造方式和形体规划设计。

知识点3 控制性详细规划的指导性指标

学前思考

大家有没有思考过，如果我们的城市控制完全照知识点2中的规定性指标来做，我们的城市建设会怎么样？我国幅员辽阔，城市类型多样，只套用规定性指标，我们的城市建设活动能否顺利开展，建造出来的城市会不会千篇一律呢？显然，单一的规定性指标并没有全面覆盖城市建设活动，而且只有规定性指标，会让城市建设失去弹性，造成城市多元性变差，从而失去特色与活力。因此，还需要设定更多具有弹性、指导性的指标，让城市规划设计者有更多的创作空间，让城市更加丰富多彩。

知识重点

一、指导性指标的概念

通过梳理控制性详细规划发展的历程可以得知，控制性详细规划用的多是建筑密度、容积率等规定性指标，缺乏城市设计的思想。1987年发布的《桂林中心区详细规划》（清华大学编制）在引入区划思想的同时，结合局部地段的城市设计，对指导性指标进行了有益尝试。1995年建设部颁布的《城市规划编制办法实施细则》明确规定了控制性详细规划的控制指标中包含规定性和指导性两类指标，其中指导性指标包括对人口容量、建筑形式、体量、风格、色彩的要求及其他环境要求。这实际上是明确了城市设计在控制性详细规划中的运用。

控制性详细规划对城市形态的影响主要表现在以下两个方面：一是地块的总体格局和整体形象，这方面影响是决定性的；二是控制性详细规划中的各种细则直接或间接影响城市设计的品质。控制性详细规划中的城市设计引导内容为：先确定规划区域的空间结构骨架、各地块的用地功能风貌、道路绿化系统，再从城市设计的角度来考虑不同空间序列的关系，形成城市设计总体概念与结构，以“城市设计概念图”加以表达，同时将空间形态、建筑风貌的要求以指标的形式确定下来，来指导修建性详细规划及建筑单体设计。

从城市层面来说，控制性详细规划中的城市设计引导多用于城市中的重要景观地带和历史文化保护地带。为了创造美好的城市环境，依照空间艺术处理和美学原则，从城市空间环境角度对建筑单体和建筑群体之间的空间关系提出指导性综合设计要求和建议，必要时，可用具体的城市设计方案进行示意与引导。

从建筑层面来说，对建筑单体环境的控制引导，包括建筑体量、风格形式、建筑色彩等内容，此外还包括绿化布置要求及对广告标牌、液晶照明及建筑小品的规定和建议。

二、指导性指标的具体内容

（一）建筑体量

建筑体量是指由建筑的长度、宽度、高度形成的三维空间体积。因而，可以从建筑竖向尺度、建筑横向尺度和建筑形体三方面对建筑体量进行控制，在控制方式上，针对各项指标，一般采取规定上限式。

建筑体量大小对城市空间有着很大的影响，同样大小的空间，被大体量的建筑围合和被小体量的建筑围合，给人的空间感受完全不同。此外，建筑所处的空间环境不同，其体量大小给人的感受也不同。大体量建筑在大的空间中给人的感觉不一定大，反之亦然。最典型的莫过于天安门广场上的建筑布置，人民大会堂、国家博物馆、天安门城楼就单体建筑来看是非常庞大的，但是从整个广场布局来看，则刚好能展示大国首都威严、庄重的气质（见图 5－6）。

图 5－6　天安门广场鸟瞰图

资料来源：百度图片。

建筑体量的控制还应考虑地块周边环境的不同，比如临近传统商业街坊，若兴建大体量的建筑，一般应运用适当的设计手法，将其“化解”为若干小体量的建筑，使之与周边的传统建筑相协调。

（二）建筑形式

建筑技术、材料工艺、审美多元等的不断进步使建筑具有了更多的外在形式。不同地域的城市，因其不同的发展经历、气候条件、地理环境、历史文化特色等因素，也会产生不同的建筑风格。所以在城市建设过程中，应根据城市具体的环境背景，从城市特色、具体地段的环境风貌要求出发，以城市风貌协调美观为目标，对建筑形式与风格进行引导与控制。但建筑形式的统一并不意味着一味强调某种单一的建筑形式。

建筑形式多种多样，控制的内容也很多，但主要还是依据规划控制目标来确定。常用的有主体结构形式控制，如横三段、竖三段；屋顶形式控制，如坡顶、平顶等。

（三）建筑色彩控制

1. 内涵

城市因色彩而多姿多彩、五彩缤纷。色彩对于人能引起生理反应，这是因为人们是通过视神经细胞的感受而识别各种色彩的。各种色彩的波长不同，给人的刺激也不同。黄色波长较长，对人眼的刺激大，因而使人产生扩张感；而蓝色却相反，因其波长较短、刺激小，因而使人产生收缩感。色彩除了会对人的生理产生影响外，还会对人的心理产生影响，如中国民间每逢喜事喜欢用红颜色，而办丧事则用白颜色或者黑颜色。色彩对人来说是有感情的，或者说是有生命力的，这就是色彩的表现力。

在封建专制时代，帝王的宫殿、将相的府邸与平民百姓的住宅无论在建筑型制上还是建筑色彩上都进行了严格区分，由统治阶级制定的对色彩的使用要求也体现出森严的等级观念。进入民主时代，色彩不再是权贵的专属，人们可以自由选择自己喜好的颜色，从而才有了生活的多姿多彩，色彩也成为人们对城市环境直观感受的主要因素之一。各种类型的建筑，都有相对适合它的建筑形式及色彩，包括居住建筑的色彩、商业建筑的色彩、办公建筑的色彩、景观建筑的色彩、文化建筑的色彩等，它是一个集中的、完整的建筑色彩体系（示例见图 5－7、图 5－8）。

图 5－7　故宫

图 5－8　贵州西江苗寨

一个城市的建筑色彩，受其历史、气候、植被、文化等诸多因素的影响。如北方城市，因其气候寒冷，植被颜色较单一，民风奔放，建筑色彩往往较南方艳丽。美国著名建筑师伊利尔·沙里宁曾经说过："让我看看你的城市，我就能说出这个城市的居民在文化上追求的是什么。"良好的色彩设计是改善城市面貌，塑造个性魅力行之有效的方法。我国一些城市（如武汉、南京、北京等）已开始着手对城市色彩进行统一规划。

2. 选定参照建筑

每一种颜色没有美丑之分，只有与当时、当地的环境或建筑的整体风貌协不协调的问题。因此，在进行个体建筑颜色控制时，需要有相应的参照物或者是参照环境与建筑。通常选定参照物要遵循以下原则：（1）艺术性原则，即颜色要有利于城市艺术形象、环境美化的表达；（2）代表性原则，即能代表某个时代、某个场景甚至是整个城市的颜色特征；（3）历史性原则，即颜色的选择要与城市的发展脉络相联系；（4）延续性原则，即颜色的选定应该是城市环境、城市历史文化的延续与传承。

3. 分级确定控制区域

因城市建成区面积太大，各区域或地块的发展背景不一，对于建筑形式、色彩的控制也就不能一概而论，而应根据不同的用地性质与区位差别化对待。通常来说，应根据控制地块的重要性来进行分区，具体如下：

（1）重点控制区，即城市中的重点发展区域、历史文化街区等。控制性详细规划会对该区域的建筑形式与色彩做出详细规定，并提出严格的实施要求。

（2）一般控制区，通常是城市中发展一般的区域。控制性详细规划对此区域的建设形式与色彩要求不严格，只是针对重要地段的建筑或建筑元素做出规定，其他建筑则放宽控制，让下一层规划或建筑设计自由决定。

（3）自由选择区，通常是城市中不重要的区域。控制性详细规划对这类区域的建筑形式与色彩没有具体的控制要求，建筑设计在遵循美学原则的前提下自由发挥。

（四）建筑空间组合控制

建筑空间组合控制是指对由建筑实体围合成的城市空间环境及其周边其他环境提出控制引导要求，一般通过规定建筑组群空间组合形式、开敞空间的长宽比、街道空间的高宽比和建筑轮廓线示意等达到控制城市空间环境空间特征的目的。

城市建筑群体整体空间形态可以分为封闭空间形态、半开放空间形态和全开放空间形态。不同的建筑空间组合，给人不同的空间感受。根据不同的情况和要求，建筑空间组合采用不同的形式，形成公共或私密的空间形态。

对建筑空间组合的控制，一般可以运用具体图示的方式推荐建筑组群空间组合形式，规定或推荐开敞空间的长宽比值、街道空间的高宽比值和控制建筑轮廓线示意，从而对城市空间环境进行引导和控制。

（五）建筑小品

控制性详细规划对绿化小品、商业广告、指示标牌等街道家具和建筑小品的引导控制一般是规定其布置的内容、位置、形式和净空限界。在我国城市规划体系中，由于对城市设计的法律地位还未进行明确定位，城市设计成果往往只作为某种参考，难以成为规划管理的依据，因而近年来城市重要地区的控制性详细规划往往与城市设计一同编制，二者互为补充，将城市设计导则视为控制性详细规划成果的一部分。例如，大同市中心区城市设计对户外设施进行了分类引导与规定，对户外广告标识的位置、色彩、净空高度、大小等进行了较为详细的规定。

练一练

多项选择题：

1. 在控制性详细规划中，建筑色彩控制分区包括哪些类型？（　　）

A. 重点控制区　B. 一般控制区　C. 风貌协调区　D. 自由选择区

【解析】答案为 A、B、D。建筑色彩分区通常是根据控制地块的重要性来进行，分为重点控制区、一般控制区、自由选择区三种类型。

2. 下列属于控制性详细规划指导性指标的有（　　）。

A. 建筑体量　B. 建筑形式　C. 建筑色彩控制　D. 绿化率

E. 土地使用控制

【解析】答案为 A、B、C、E。指导型指标有建筑体量、建筑形式、建筑色彩控制、建筑空间组合控制、建筑小品等。

知识点 4　中国控制性详细规划管理中的公众参与

学前思考

我们知道，城市规划作为一项公共政策，每个市民作为城市的主人都有参与政策制定与实施的权利。那么大家在日常生活中参加过城市规划的编制与讨论吗？参与意愿如何？你们知道该怎么参与吗？公众参与对于控制性详细规划的编制和实施又有什么样的意义呢？本知识点主要介绍大家是否有权参与控制性详细规划的管理，以及如何参与？

知识重点

一、公众参与的含义

公众参与就是公众参与到与自己利益相关的政策制定过程中，即通过一定的方法和程序，让众多的成员能够参与到那些与他们的生活环境息息相关的政策和规划的制定及决策过程中。

公众参与的目的并不在于让规划师或者政府借此过程说服公众，或让一方胜过另一方，抑或是让公众借此来指挥规划师或者政府。其最终目的在于通过公众参与方案的讨论，表达自己的建议或利益诉求，增强政府、规划师、公众间的相互了解、相互信任，从而在规划编制中使各主体的诉求都能得到表达，或者找到最大公约数，从而减少彼此间的矛盾与冲突，增强规划的可实施性。

二、公众参与的作用

公众参与城市规划是国际上普遍的做法，也是现代城市规划管理的必要环节，具有重要作用，体现在两个方面：

一是有利于形成“自上而下”与“自下而上”的良性互动机制。公众参与促进规划师直接了解民意，增加市民与政府及开发主体互动，为控制性详细规划提供良好的“自下而上”的反馈机制，建立“上有指令，下有反馈”的双向信息系统，有助于为开展控制性详细规划打好基础。

二是有利于群策群力实施控制性详细规划。一方面，可以集思广益，减少规划编制的不合理性，让规划编制方案更为科学合理；另一方面，将控制性详细规划实施谈判过程提前，减少利益主体间的矛盾，并能得到市民等参与主体的拥护，为规划的落实创造群众基础。

三、我国城市规划公众参与概况

相对于西方发达国家，受文化背景与发展阶段的限制，我国规划管理的公众参与基础薄弱，规划管理过程的公众参与活动开展有限，这也是现阶段我国规划编制实施的主要软肋。

我国的规划与政策通常由政府统筹完成，一些关键政策的制定甚至是由少数领导直接拍板决定的。同样，控制性详细规划延续了规划体系内部化操作方式，使得规划编制与实施缺乏“自下而上”的沟通过程，即规划由当地政府或城市规划行政主管部门组织编制和审批，并且因控制性详细规划任务繁重、编制周期短、缺乏公众参与的程序，权力寻租现象严重，通常会有悖于公开、公平原则。这种简单、封闭的操作手法，使得规划的科学性遭受质疑，难以得到社会大众的认可。

近年来，我国的城市规划在公众参与方面取得一些进展。如上海在新一轮总体规划编制中提出“开门”办规划的理念，通过开办规划研讨会、宣讲会（见图 5－9）、线上线下收集公众建议等多元化的渠道不断倾听、吸纳社会建议，让规划真正走进寻常百姓家，让民众切实感受到自己能为所在城市规划建设建言献策，大大激发了民众参与城市规划的热情。另外，为推动公众参与，重庆、青岛等城市制定了《关于公众参与城市规划管理试行办法》等法律法规，这些举措有效推进了公众参与城市规划工作的发展。

图 5－9 “迈向卓越的全球城市”专题讲座

资料来源：上海 2040 城市总体规划主题网站。

虽然我国城市规划的公众参与在不断向前发展，越来越好，但从总体上来说，我国城市规划管理的“公众参与”基本上还处于批准后的实施阶段参与，参与的度与参与的面都非常有限，离全面深度参与尚有一段距离，未来的路仍然很长。

在我们国家，公众参与是城市规划编制与实施不可缺少的重要环节，那么我们的法律又是怎么样规定公众参与城市规划的呢？面对当前我国民众参与意识淡薄、参与度低的现实，又该如何加强呢？

我国 2008 年实施的《城乡规划法》规定：“任何单位和个人都应……服从规划管理，并有权就涉及其利害关系的建设活动是否符合规划的要求向城乡规划主管部门查询。任何单位和个人都有权向城乡规划主管部门或者其他有关部门举报或者控告违反城乡规划的行为。”由于控制性详细规划涉及多元主体的不同利益，在变更或调整时都会影响到相关主体的利益，因此其中的公众参与是不可或缺的。

《城乡规划法》还规定：“规划条件……确需变更的，必须向城市、县人民政府城乡规划主管部门提出申请。变更内容不符合控制性详细规划的，城乡规划主管部门不得批准。城市、县人民政府城乡规划主管部门应当及时将依法变更后的规划条件通报同级土地主管部门并公示。修改控制性详细规划的，组织编制机关应当对修改的必要性进行论证，征求规划地段内利害关系人的意见。”法律条文的规定考虑了相关人群利益的表达与保护，为公众参与提供了强有力的制度保障，一定程度上促进了我国公众参与活动的开展。

四、实施公众参与的举措

第一，增强公众参与城市管理的意识。城市规划作为一项公共政策，其制定与执行过程必须要有公众参与，即鼓励公众最大限度参与城市规划管理工作；城市规划管理与制定者应转变过去那种“自上而下”的行政理念，由管理型政府向服务型政府转变。同时要加大宣传力度，将控制性详细规划的性质与特点传达至公众。

第二，完善公正参与城市管理制度程序的设计。《城乡规划法》涉及公众参与的规定过于笼统，缺乏具体的指导和机制性的保障，导致难以实施，使得公众参与的工作流于形式。因此，公众参与除了法律条文的规定外，还应有可实施的指导方案与政策制度设计作为保障，即落实公众参与行动，还必须从制度上予以支持和保证。

第三，加强公众参与意识的培养。公众的参与意愿、参与程度、参与形式与表达方式，决定了城市规划公众参与的程度与质量。受大环境影响，我国市民的公众参与意识相对弱于，因此有必要从教育培养、社会舆论宣传等方面入手，从小培养参与意识，合理合法表达建议，在社会中营造良好的公众参与氛围。

第四，应用新媒体，加大宣传力度。今天，我们生活在网络时代，各种新闻资讯触手可及。电脑、手机、微信、电视、广告等新工具与新媒体为民众了解规划信息提供了便捷的渠道。因此政府部门、社会组织应加大对新的电子科技产品和媒体工具的应用，实时发布规划管理信息，加大宣传力度，让公众切身感受到规划就在身边，自己也可以针对规划提出自己的建议与需求，这样更有利于在社会中形成良好的公众参与氛围。如 2018 年，武汉市为了推进武汉 2030 总体规划，广泛吸纳社会建议，听取民意，由政府部门主动推出了“众规武汉”微信公众号（见图 5 - 10），实时发布武汉市最新的规划动态，民众则可以随时就城市发展的任何问题通过微信公众号向政府反馈，公众号运营团队则就民众的建议与问题给予回复与解答。这种模式效果很好，赢得民众一致赞誉，全国其他城市也纷纷效仿。

图 5 - 10 “众规武汉”微信公众号界面

练一练

多项选择题：

下列哪些举措，可以有效提高我国公众参与城市规划的热情？（　　）

A. 增强公众参与城市管理的意识

B. 加强公众参与意识的培养

C. 应用新媒体，加大宣传力度

D. 完善公正参与城市管理制度程序的设计

【解析】答案为 A、B、C、D。促进城市规划领域我国公众参与的措施主要有：增强公众参与城市管理的意识；加强公众参与意识的培养；应用新媒体，加大宣传力度；完善公正参与城市管理制度程序的设计。

参考文献

[1] 吴志强，李德华 . 城市规划原理 [M]. 4 版 . 北京：中国建筑工业出版社，2010.

[2] 夏南凯，田宝江，王耀武 . 控制性详细规划 [M]. 上海：同济大学出版社，2005.

[3] 邢忠，黄光宇，靳桥 . 促进形成良好环境的土地利用控制规划——荣县新城河西片区控制性详细规划解析 [J]. 城市规划，2004(12): 89-93.

[4] 刘雷 . 控制与引导——控制性详细规划层面的城市设计研究 [D]. 西安建筑科技大学，2004.

[5] 韩华 . 加强控制性详细规划指标体系的科学性研究 [J]. 规划师，2006(9): 24-26.

[6] 于一丁，胡跃平 . 控制性详细规划控制方法与指标体系研究 [J]. 城市规划，2006(5): 44-47.

[7] 控制性详细规划编制与管理 [J]. 江苏城市规划，2006(3): 29-32.

[8] 李宪宏，程蓉 . 控制性详细规划制定过程中的公众参与——以闵区龙柏社区为例 [J]. 上海城市规划，2006(1): 47-50.

[9] 唐历敏 . 走向有效的规划控制和引导之路——对控制性详细规划的反思与展望 [J]. 城市规划，2006(1): 28-33.

第六单元

居住区规划设计

Unit

学习导引

“衣食住行”是人类生存必须解决的课题，在城市中对于居民的居住问题更应该优先重点考虑，提供舒适美观、健康宜人的城市居住环境是城市让生活更美好的应有之义。因此，在城市规划建设中要妥善处理好居住区规划，只有编制、实施好居住区规划，建设营造健康适居的居住环境，我们的城市居民才能生活健康、工作愉快。本单元以居住区规划设计为主线，从居住区的基本概念、类型，居住区规划的任务与编制内容，居住区的组成、功能与规划结构，居住区的规划设计、居住区各项公共服务设施及其用地规划布局，居住区道路交通规划布置，居住区绿地布置以及居住区规划设计的主要经济指标等方面，来剖析居住区规划设计的相关知识。

居住区规划设计与大家日常生活密切相关，许多同学在日常的工作生活中也会接触到与此相关的知识，如果大家能把自己的经验体会与本单元的理论知识结合起来，举一反三，相信大家很容易就能掌握相关知识，并觉得相关知识十分实用、有趣。

学习目标

学完本单元内容之后，你能够：

（1）掌握居住区的基本概念及类型；

（2）了解居住区规划的任务与编制的具体内容；

（3）了解居住区的具体组成、功能与规划的结构特征；

（4）了解居住区规划设计要遵循的基本原则、基本要求以及布置方式；

（5）了解居住区公共服务设施及其用地、道路和交通、绿地的规划布局。

知识结构图

图 6-1 是本单元内容的知识结构图，包含 8 个部分：居住区的定义及类型，居住区规划的任务与编制，居住区的组成、功能与规划结构，居住区的规划设计，居住区公共服务设施及其用地规划布局，居住区道路交通的规划布置，居住区绿地系统的规划布置以及居住区规划的技术经济指标。

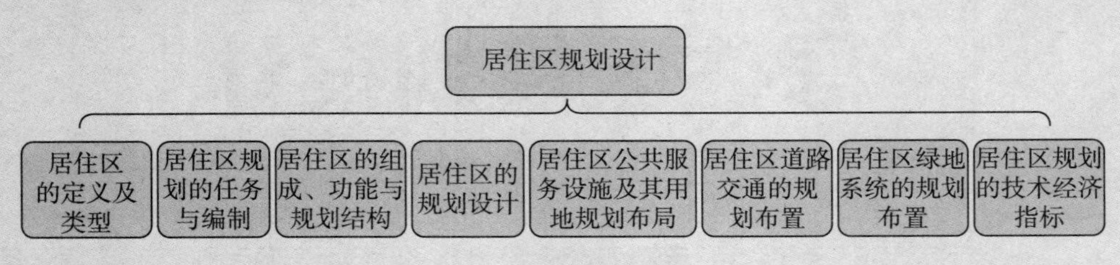

图 6-1　知识结构图

看完上面的知识结构图后，大家可能对本单元要学的内容已经有了初步了解，那么接下来我们就按照这个框架来逐一学习各个知识点的内容。

知识点 1 居住区的定义及类型

学前思考

人们都居住在不同的区域，生活在不同的环境中，有的居住在单位大院、有的居住在商业小区、有的居住在城中村、有的居住在独栋高楼……每一种居住空间都有所区别，生活环境品质也有高有低，因而其称谓也就有所不同。那么这些不同的居住环境与本书所说的居住区又有何关系呢？它们是我们经常挂在嘴边的居住区吗？居住区的内涵是什么呢？又有哪些类型呢？对于上述问题的解答有利于我们清晰地认识我们的居住区，有利于我们培养现代市民理念。

知识重点

一、居住区的定义

居住区是城市的一种重要功能，在一个城市中，生活居住用地的比重一般占城市建设总用地的 40%~50%。居住区是城乡居民定居生活的物质空间形态，是关于各种类型、各种规模的居住空间及其环境的总称。居住区的组成不仅是住宅和与其相关的通路、绿地，还包括与该住宅区居民日常生活相关的商业、服务、教育、活动、道路、场地和管理等内容，这些内容在空间分布上可能在该住宅区空间范围内，也可能位于该住宅区空间范围之外。

另外，我们通常说的居住区还有社会学上的意义，即它包含了居民相互间的邻里关系、价值观念和道德准则等维系个人发展和社会稳定与繁荣的内容。所以，在了解居住区的含义时，不仅要考虑居住区的物质组成部分，还应关注其非物质的组成部分，这样才能全面认识居住区的真正内涵与特质。

二、居住区的类型

在我国有多种划分居住区类型的方式，最常见的有按城乡区域范围划分、按建设条件划分和按建筑层数划分。

（一）按城乡区域范围不同划分居住区类型

这种方法可将居住区划分为城市居住区（见图 6－2）、乡村居住区（见图 6－3）以及独立的工矿企业和科研基地居住区（见图 6－4）。城市居住区是指位于城市建成区范围内的居住区，一般包括一些主要的公共服务设施，并根据居住人口规模和建设环境好坏，分为不同类型的居住区。乡村居住区主要是指位于农村地域范围的居住用地。独立的工矿企业和科研基地居住区主要是为某个或几个厂矿企业或重要基地的职工及其家属建设的，居住对象及住区类型都较为单一。

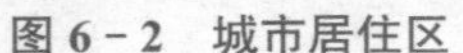

图 6－2　城市居住区　　图 6－3　乡村居住区　　图 6－4　工人新村

（二）按建设条件不同划分居住区类型

按建设条件不同可将居住区分为新建的居住区和城市旧居住区。通常新建的居住区是按照城市居住区规划设计规范要求进行规划建设的，居住区整齐划一，环境优美；城市旧居住区的环境情况较为复杂，各式各样都有，生活环境及基础设施普遍较差。

（三）按建筑层数不同划分居住区类型

住宅建筑有高有低，有全是高层住宅建筑组成的居住区，也有全是底层住宅组成的居住区，还有高低混合的住宅区，每种类型的居住区空间环境不尽相同。因此可以将居住区按建筑层数不同划分为低层居住区、多层居住区、小高层居住区、高层居住区以及各种层数混合修建的居住区。

三、居住区规模的影响因素

城市中很多居住区在用地面积与人口规模上都不一样，有的居住区占地面积大，有的居住区占地面积小，有的居住区居住着成千上万的居民，有的居住区则仅有几百人。为什么城市中的居住区规模不一样大呢？有哪些因素影响、决定着居住区规模的大小呢？

为了符合功能、技术经济和管理等方面要求，居住区应有其合理的规模，并以人口及用地为衡量标准。具体而言，居住区规模通常受以下四方面因素的影响。

（一）公共设施的经济性和合理的服务半径

公共设施的经济性和合理的服务半径也即最优的覆盖范围。日常生活中的商业服务、文化、教育、医疗卫生等公共设施具有与其规模相对应的经济性和合理的服务半径，这就直接决定了其服务面积与人口规模。通常合理的服务半径以正常居民步行 15 分钟的距离来衡量，即 800~1 000m。

（二）城市道路交通环境的影响

为了保证城市交通安全、快速和畅通，居民出行方便，城市道路交通要求城市干道之间保持合理的间距。各道路边界围合形成的地块往往就是居住区的用地，地块的大小也就决定了居住区的规模。根据国际经验，城市干道间距为 600~100m，围合形成的地块为 36~100hm^2，这就是常规居住用地开发的基本规模。另外，在一些小城市、老城区、山区城市，受地理环境限制，路网间距较小，围合的地块面积也较小，因而其居住区规模也应相对减少。

（三）城市行政管理体制方面的影响

每一个国家或城市都有自己的管理体制，为了管理方便会设置不同的行政管理制度，即居住区人口规模单元的划分与管理也制定有相应的政策。这是影响居住区规模的另一个因素。在我国，居住区通常是一个社区，是城市社会管理最基层的单元。

（四）开发模式及历史环境等因素的影响

低层住宅区与高层住宅区的开发强度不一样，容积率也会相差很大，这对居住区的人口和用地规模都有很大的影响。通常，容积率越高，容量越大，人口规模也就越大。除此之外，自然地形条件和城市的规模、城市历史街区环境、居民社会心理感受等因素对居住区的规模也会产生一定程度的影响。

四、我国相关规范中居住区规模的划分

我国城市居住区规划设计自 1993 年以来就有相应的规范标准，即《城市居住区规划设计规范》（GB50180-1993）。该标准将城市居住区划分为居住区、居住小区和居住组团 3 个层次（见表 6－1），主要的划分依据是居住区的人口规模。

表 6－1　　居住区分级控制规模

	居住区	居住小区	居住组团
户数（户）	10 000~16 000	3 000~5 000	300~1 000
人口（人）	30 000~50 000	10 000~15 000	1 000~3 000

2018 年又发布了《城市居住区规划设计标准》（GB50180–2018）。

（一）居住区

居住区包含两层含义：通常指不同居住人口规模的居住生活聚居地；特指被城市干道或自然分界线所围合，并配有服务相应居住人口规模（30 000~50 000 人）的一整套较完善的基本能满足生活在这里的居民物质与文化生活需求的公共服务设施的居住生活聚居地。

（二）居住小区

居住小区一般称小区，是指被城市道路或自然分界线所围合并与居住人口规模（10 000~15 000人）相对应，配建有一套能满足该区居民基本物质与文化生活所需的公共服务设施的居住生活聚居地。

（三）居住组团

居住组团也称组团，是指被小区道路分隔并与居住人口规模（1 000~3 000人）相对应，配建有居民所需的基层公共服务设施的居住生活聚居地。相对居住区与居住小区，居住组团的规模最小，相应的公共服务设施等级也较低。

练一练

多项选择题：

我国居住区分哪几种类型？（　　）

A. 居住区　B. 居住小区　C. 居住组团　D. 邻里单元

【解析】答案为A、B、C。我国居住区根据人口规模大小可分为居住区、居住小区、居住组团三种类型。

知识点2 居住区规划的任务与编制

学前思考

我们在讲城市总体规划、控制性详细规划时，提到了规划的任务以及规划的编制内容及特点。居住区规划作为一种小尺度空间的规划有什么样的具体任务呢？它的编制内容有哪些呢？

知识重点

一、居住区规划的任务

城市规划的任务是有序高效地配置空间资源，营造健康舒适的人居环境，促进城市健康、持续发展。同样，如果把规划对象换成居住区，它的任务便是科学合理地创造一个满足居住对象日常物质和文化生活需要的安全、卫生、舒适、优美的居住环境。当然，除了布置住宅外，还应当规划布置居民日常生活所需的各类公共服务设施，如道路、停车场地、绿地和活动场地、市政工程设施等。如果居住区的规模足够大，还需要考虑工作场所，如无污染、无干扰的工作场所。

作为小尺度空间的规划，居住区规划还必须根据总体规划和近期建设要求，在控制性详细规划的相关指标要求下，对居住区内各项建设做好综合全面的安排。居住区规划还必须考虑一定时期经济发展水平，居民的文化背景、经济生活水平、生活习惯，物质技术条件以及气候、地形等条件。此外，还需要注意远近期规划相结合。

二、居住区规划的编制内容

俗话说："麻雀虽小，五脏俱全。"居住区规划相对于城市规划来说，尺度空间要小得多，但是规划内容却非常丰富，包括用地的确定、用地适宜性分析、居住区要实现的目标和功能、人口及用地规划、建筑类型、数量、层数以及布置方式等。

（1）选择、确定居住区用地位置、范围。在城市规划区范围内考虑居住区用地的适当选址，满足城市各项功能的配建需求。用地的选择不仅要考虑区位、交通、城市功能发展需要，还要考虑多样的邻里类型对不同居住类型、居住地点的选择要求。

此外，还需对居住区建设用地做用地适宜性分析。适宜性因素包括可达性、避免灾害、与公共服务设施的临近程度等。

（2）确定居住区要实现的功能和目标。依据居住区要实现的功能与目标，选择合适的设计要素，确定将要采用的针对性的设计原则。确定居住区规划的功能和目标，要充分研究适宜的邻里类型空间组合、家庭类型、支撑性服务设施的现状与问题，以及与交通系统、商业及就业中心、开放空间等之间的关系。

（3）确定居住区人口及用地规模。在做规划时，需要评估建设住宅和相应服务设施的空间需求，测算初步方案中各类邻里的容量，并将空间需求分配到初步方案所拟定的未来各类邻里中，以确定有充足与适宜的空间用于容纳预期的人口、经济活动和基础设施。人口规模要与用地规划、公共服务设施承载能力、住房套数相匹配，实现人、地、公共服务、环境容量的和谐发展。

（4）确定各类建筑的基本特征。在确定居住区人口与用地规模后，便需要落实居住建筑、公共服务建筑等的类型、数量、层数、布置方式。以人定量，确定最终建筑容量。

（5）拟定居住区内各级道路的宽度。

（6）拟定绿地、活动场所、休憩场所等场地的数量、分布和布置方式。

（7）拟定有关市政工程设施的规划方案。

（8）拟定各项技术经济指标和造价估算。

（9）对不同阶段的方案进行必要的公众参与和专家咨询。

练一练

多项选择题：

以下哪几项内容是我国居住区规划的编制内容？（　　）

A. 选择、确定居住区用地位置、范围

B. 确定居住区人口及用地规模

C. 确定各类建筑的基本特征

D. 确定居住区要实现的功能和目标

【解析】答案为A、B、C、D。我国居住区规划的编制内容包括：选择、确定居住区用地位置、范围；确定居住区要实现的功能和目标；确定居住区人口及用地规模；确定各类建筑的基本特征；拟定居住区内各级道路的宽度；拟定绿地、活动场所、休憩场所等场地的数量、分布和布置方式；拟定有关市政工程设施的规划方案；拟定各项技术经济指标和造价估算；对不同阶段的方案进行必要的公众参与和专家咨询。

知识点3 居住区的组成、功能与规划结构

学前思考

城市是由道路、居住区、绿地、公共服务设施、河流等不同的人工构筑物与自然要素组成的，承载着人们居住、工作、游憩等不同功能。那么作为一个较为独立的空间单元，居住区的组成要素有哪些呢？都有什么样的功能呢？居住区规划都有哪些结构样式呢？这些都是编制居住区规划必须要考虑的问题。

知识重点

一、居住区的组成要素及具体内容

（一）居住区的组成要素

居住区的组成要素包括物质和精神两个方面：

（1）物质要素：由自然和人工两大要素组成。自然要素指地形、地质、水文气象、植物等。人工要素指各类建筑物以及工程设施等。

（2）精神要素：指社会制度、组织、道德、风尚、风俗习惯、宗教信仰、文化艺术修养等。

（二）居住区的组成内容

（1）建筑工程：主要为居住建筑、公共建筑、生产性建筑、市政公用设施用房（如泵站、调压站，锅炉房等）以及建筑小品等。

（2）室外工程：包括地上、地下两部分。具体包括道路工程、绿化工程、工程管线（水、电、气、供暖、通信等）以及挡土墙、护坡等。

（三）居住区的用地组成

（1）住宅用地。住宅建筑基底占地及其四周合理间距内的用地（含宅间绿地和宅间小路等）的总称。其在城市规划中的用地代码是 R01。

（2）公共服务设施用地。一般称公建用地，是与居住人口规模相对应配建的，为居民服务的各类设施的用地，应包括建筑基底占地及其所属场院、绿地和停车场等。其在城市规划中的用地代码是 R02。

（3）道路用地。指居住区范围内的道路、小区路、组团路及非公建配建的居民小汽车、单位通勤车等的停放场地。其在城市规划中的用地代码是 R03。

（4）公共绿地。满足规定的日照要求，适合于安排游憩活动设施的，供居民共享的集中绿地，包括居住区公园、小游园和组团绿地及其他块状、带状绿地等。其在城市规划中的用地代码是 R04。

（四）居住区的环境组成

居住区的环境包括内部居住环境和外部生活环境。

（1）内部居住环境是指住宅的内部环境和住宅楼公共部分的内部环境。

（2）外部生活环境包括以下几个方面：空间环境、空气环境、声环境、热环境、光环境、视觉环境、生态环境、邻里和社会环境。

二、居住区的功能

（一）居住功能

居住区应该提供与居民生活方式和经济承受能力相一致的住房、给排水等基本服务，以及燃气、供电和电信等基础设施，以满足居民日常基本生活需求。

（二）为居民提供便捷的公共服务和基础设施

在城市中，一个完整的居住区通常都配有便捷的公共服务和基础设施，以满足居民的生活需求。

（三）居住区具有环境保护功能

创建环保、低碳、绿色的居住区体现了人们对良好生活品质的向往，如果在城市中，人们的居住区都采用环境友好型的规划建造技术和方法，将对整个城市的生态环境、绿色节能建设产生积极的影响。

（四）居住区具有社会互动及社会包容功能

居住区具有重要的社会学意义。一个居住区具有很强的邻里社会网络，并形成了重要的社会关系结构，为人际交往、社会资本积累、社会精神培育、维系城市社会关系、保障社会安全提供了重要的基础。

三、居住区的规划结构

这里所说的结构是指一种框架性的布局，是居住区空间布局的一种抽象表述，通常是由规划所涉及的要素之间的关系形式表现出来的。对于居住区来说，它的规划结构是根据居住区的功能要求综合地处理住宅与公共服务设施、道路、公共绿地等之间的关系而采取的组织方式。因各要素之间的组织方式不同，出现的结构形式也就不一样，常见的有“居住区－居住小区－居住组团”“居住区－居住组团”“居住小区－居住组团”“独立式居住组团”等类型。

（一）以居住小区为基本单位来规划组织居住区

以居住小区为基本单位来规划组织居住区的好处在于，它可以较为完整地为居民提供一个便利、安全和安静的生活环境，而且有利于城市道路的分工和交通的组织，减少道路配置，降低市政设施投资建设成本。另外，为发挥各种公共服务设施的效益，保证居民生活的独立性，居住小区的规模一般以一个小学最小规模的服务人口来确定居住区居住人口规模的下限，而居住小区公共服务设施的最大服务半径为其用地规模的上限（见图6－5）。

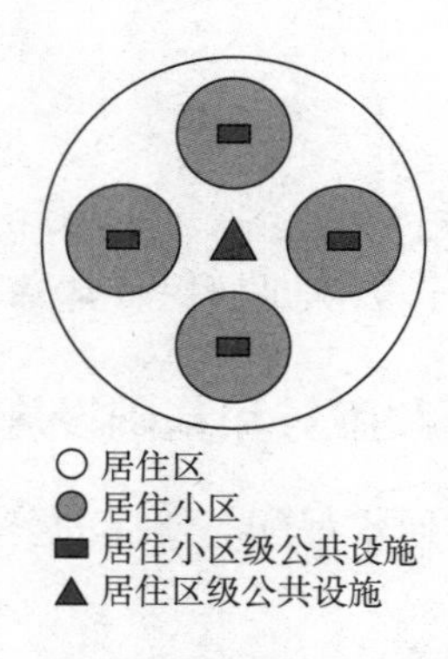

图6－5　以居住小区为基本单位的居住区

（二）以居住组团为基本单位来规划组织居住区

以居住组团为基本单位来规划组织居住区通常不划分明确的小区用地范围，居住区直接由若干个居住组团组成，其规划结构形式为“居住区 – 居住组团”。主要机构有居委会办公室、卫生站、青少年及老年活动室、服务站等（见图 6 – 6）。

（三）以居住组团和居住小区为基本单位来规划组织居住区

混合型居住区通常包含居住小区和居住组团，规划结构形式为“居住区 – 居住小区 – 住宅组团”的三级结构。这种居住区通常由若干个居住小区组成，每个居住小区又由 2~3 个住宅组团组成（见图 6 – 7）。这种形式兼具居住小区与居住组团的优点，但往往会因居住小区与居住组团数量过多，而造成整个居住区的人口规模过大，从而造成居住环境品质下降。

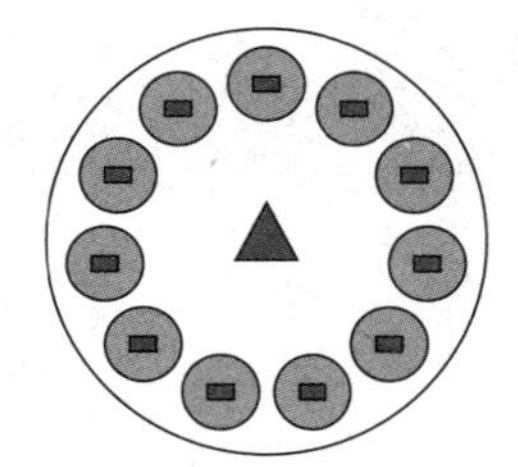

图 6 – 6　以居住组团为基本单位的居住区

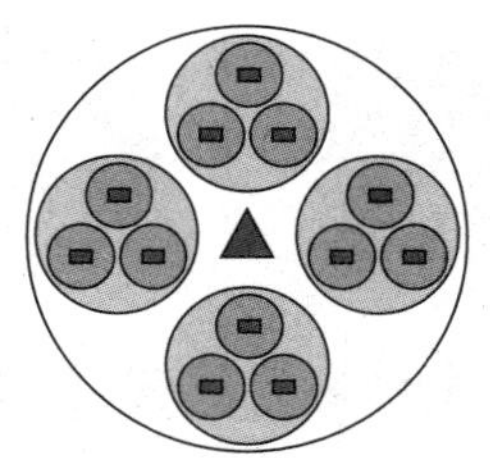

图 6 – 7　混合型居住区

练一练

多项选择题：

我国居住区的用地包括哪几种？（　　）

A. 住宅用地　　B. 道路用地　　C. 公共服务设施用地　　D. 公共绿地

【解析】答案为 A、B、C、D。我国居住区用地包括住宅用地、道路用地、公共服务设施用地以及公共绿地。

知识点4 居住区的规划设计

学前思考

假如你是一个开发商，购买了一块居住用地要修建一个居住区，用作商品房出售，你既要保障自己的经济效益，又要保障商品房的品质，以卖得高价钱获取利益。那么在正式建设出售前，你应该如何规划这个用作居住区的土地呢？要遵循什么样的基本原则，有什么样的要求呢？在具体的设计中，规划布置又有什么样的方式呢？

知识重点

一、居住区规划设计的基本原则

（一）基本理念

居住区作为一个功能完整、相对独立的单元，首要任务是解决人们的居住问题，其次它还是城市的重要组成部分，有责任为城市的健康有序发展贡献应有的力量。因此，需要充分考虑社会、经济和环境三方面的综合效益，为城市整体效益的发挥服务。随着我国人民生活水平的提高，社会文化日益多元，人们对于居住区的品质要求也越来越多样，如何更好地满足不同收入、不同区域居民对于居住环境的需求是居住区规划设计必须思考的问题。虽然居民的需求日益多元，居住区的类型也越来越丰富，但是在多种多样的居住区规划设计中，有一些共有的原则还是需要遵循的。

（二）基本原则

居住区规划设计的基本原则包括整体性、经济性、科技性、生态性、地方性与时代性、超前性与灵活性、领域性与社会性。

1. 整体性

居住区规划设计的整体性主要体现在以下几个层面：一是要符合城市总体规划和控制性详细规划的要求；二是将居住区的住宅建设与公共服务设施、市政设施、道路、绿化统一规划设计，统筹谋划布局；三是在具体的材质选择、原色搭配上要统一风格，避免五花八门。

2. 经济性

经济高效是居住区规划设计建设必须要考虑的，即要从居住区的建设、用材、居住使用以及后期的管理维护等方面，全方面地系统考虑，充分结合地方的气候、习俗等和规划用地周围的环境条件，注重节地、节能、节材、节省维护费用等。

3. 科技性

当前，社会科技发展日新月异，许多新技术已服务于人们的生活。居住区建设应充分利用科学技术，建设智慧型社区。另外，对于新技术、新材料、新工艺、新产品，也要积极运用，不断提高居住区整体环境品质。

4. 生态性

居住区规划设计要践行绿色、环保理念。在用材上，要与时俱进，多选择节能环保材料；在用地上要尽量少挖山、少填湖、少砍树，尽量减少对自然生态环境的破坏，做到节地省地；在建设技术上多用海绵城市技术。总之，要全面贯彻绿色发展理念。

5. 地方性与时代性

居住区风貌是城市建筑文化的重要组成部分，受地域环境与气候的影响。所以在进行居住区规划设计时，要充分考虑所在地区的地理条件、居民的生活习惯、建筑材料和历史文化等因素。另外，还需结合时代因素，不断发展新的建筑文化。

6. 超前性与灵活性

一幢建筑物的寿命少则几十年，多则上百年，一个住区或一个城市就更长了。因此在进行居住区规划设计时必须要有超前意识，同时也要面对现实，兼顾当前的实际情况，做到超前性与灵活性相结合，为居住区未来的发展创造更多的可能。

7. 领域性与社会性

居住区规划设计应具有较为明确的领域感，以给人一种归属感。居住区应有一个核心，这个核心应位于中心位置，并与其他部分形成良好的联系，以形成较好的领域性。同时，居住区规划设计应创造不同层次的交往空间，以形成较好的社会性。

二、居住区规划设计的基本要求

（1）使用要求。为居民创造一个生活便利的居住环境，配备较为完善的设施，建设宜人的环境，这是居住区规划设计最基本的要求。

（2）卫生要求。为居民创造一个卫生、安静、健康的居住环境。如要保证良好的日照、通风等条件，防止噪声的干扰和空气的污染等。

（3）安全要求。为居民创造一个安全的居住环境，必须对各种可能产生的灾害进行分析，使居住区规划能有利于防止灾害的发生或减少其危害程度。如要有完善的消防通道与疏散场地，避免在地质灾害区域建房，按照最低地震烈度设立防震抗震标准。

（4）经济要求。确定住宅的标准、公共建筑的规模和设立项目等均需考虑当时当地的建设投资情况和居住对象的经济状况。

（5）美观要求。要为居民创造一个优美的居住环境。居住区的建筑组合、环境设计、材质选择等均要符合审美要求，各种设施的设计要给人一种舒适安逸之感。

三、居住区规划设计的布置方式

（一）住宅组群的规划布置

住宅组群的规划布置是居住区规划设计的重要内容，也是规划设计的主体，直接影响着居住区的整体形象。

1. 居住区选择住宅类型的总体要求

第一，在进行居住区规划设计时，要合理选择和确定住宅类型。住宅是居住区中占地最大的建筑，也是居住区中最多、最重要的建筑。住宅的类型决定了其使用性质、建造成本以及用地多少，其风貌则会影响到整个城市的风貌。

第二，为了生活便利舒适，住宅内应合理安排各种功能空间，避免各居住空间的相互干扰，以及邻里住户间的对视现象，以保证居住空间的私密性。

第三，住宅的结构一方面关系到房屋安全，如框架结构住宅的抗震性明显高于砖混结构住宅；另一方面要考虑到日常使用是否方便，尤其是后期内部装修维护是否便利。此外，住宅套内自然层应避免台阶和错层，在护栏安全设施、无障碍设计等便利使用性方面也应加以考虑。

2. 住宅的类型和特点

我国的住宅建筑根据使用对象的不同，可分为家庭住宅与单身人士住宅两大类。家庭住宅要考虑到老人、夫妻、孩子等人群的居住特点，多半是套房；单身人士住宅主要是为学生、工矿企业及其他单位的员工提供的住房，多为一居室建筑。

3. 合理选择住宅类型

通常来说，选择住宅类型时应考虑以下几个方面：

第一，住宅标准。包括住宅的面积标准与质量标准。

第二，户型和户型比。户型就是住房的面积大小和居室、厅室、卫生间和厨房的数量。一般有一室一厅、两室两厅一卫等类型。户型比根据户型面积大小、厅室多少确定，可以分大中小户型、多室多厅多卫型，以满足不同居民购房需求，同时也便于楼盘的销售。

第三，确定住宅建筑层数与比例。要综合考虑建设成本、施工便利、地理环境、风貌协调等因素的影响。

第四，要考虑当地的气候环境特点以及居民的生活习惯。

4. 住宅建筑要有利于节约用地

我国人口众多，人均建设用地面积偏低，土地资源非常宝贵。在进行住宅建筑规划设计时，单体平画和布局尽量结合地形，利用地形实现节地省地的发展目标。具体可从利用住宅单元在开间上的变化达到户型多样化和适应基地各种不同情况的目的。为了不占或少占农田，就需要结合不同坡度和朝向的地形对建筑进行错层、跌落、掉层、分层入口等局部处理。在我国传统民居中，建筑建造充分利用地形地貌的案例比比皆是，如西南地区的苗家吊脚楼、重庆依山而建的洪崖洞已成为今天我们学习建筑布局的典范（见图 6－8、图 6－9）。

图 6－8　苗家吊脚楼

图 6－9　重庆依山而建的洪崖洞

5. 要考虑城市建筑面貌特色

住宅建筑作为城市建筑的重要组成部分，是地域建筑风貌的重要代表。因此，宜充分研究当地建筑特色，在居住建筑设计中体现独特的当地建筑文化风貌。

（二）建筑群体的规划布置

住宅的规划布置应建立在建筑群体组合的基础上，与居住区总的规划结构相结合。建筑群体的布置方式主要包括以下几种：

（1）行列式布置（见图 6－10）。建筑按一定朝向和合理间距成排布置的形式。这种布置形式能使绝大多数居室获得良好的日照和通风，应用比较广泛。但如果处理不好，会造成单调、呆板的感觉。为了避免以上缺点，在规划布置时常采用山墙错落、单元错开拼接以及用矮墙分隔等手法。

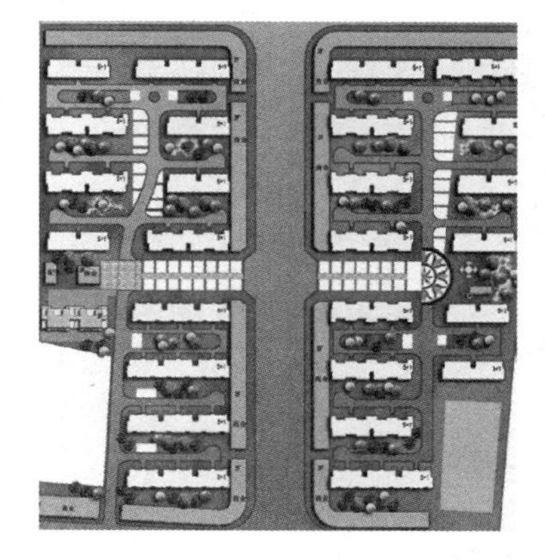

图 6－10　行列式布置

（2）周边式布置（图 6－11）。建筑沿街坊或院落周边布置的形式。这种布置形式形成较内向的院落空间。便于组织休息园地，促进邻里交往。对于寒冷及多风沙地区，可阻挡风沙及减少院内积雪。这种布置形式还有利于节约用地，提高居住建筑面积密度，但是这种布置形式有相当一部分的住宅朝向较差。有的则采用转角建筑单元，结构、施工都较为复杂，不利于抗震，造价也会增加。另外，对于地形起伏较大的地区土，石方工程也会比较大。

（3）混合式布置（图 6－12）。为以上两种方式的结合形式，最常见的是行列式。少量住宅或公共建筑沿道路或院落周边布置，以形成半开敞式院落。

（4）自由式布置。建筑在结合地形且考虑日照、通风等条件的前提下自由灵活地布置。

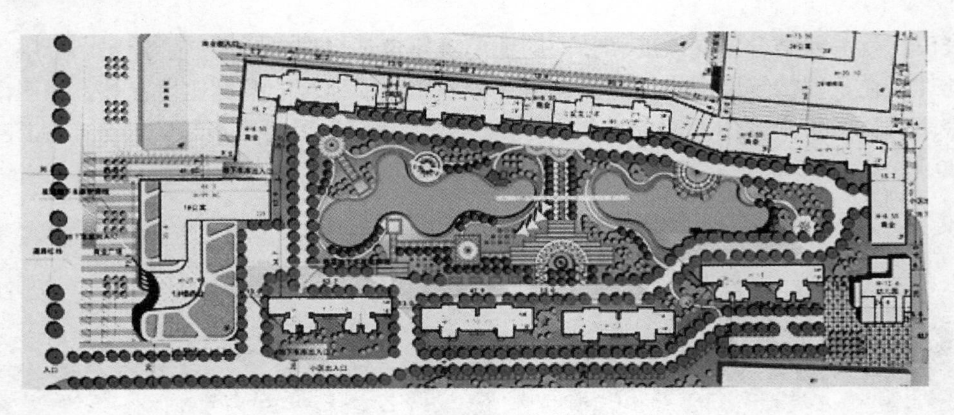

图 6－11　周边式布置

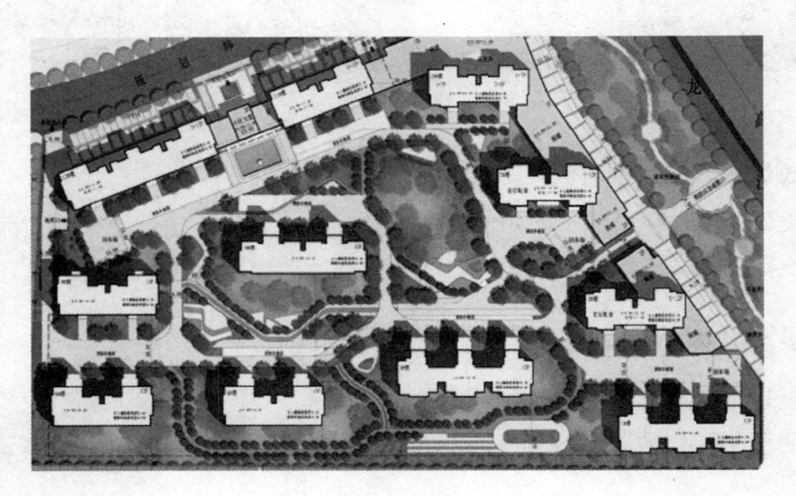

图 6－12　混合式布置

（三）住宅群体的组合方式

住宅群体组合是指由若干住宅楼一起布局形成的群体组合。常见的组合方式有以下几种：

（1）成组成团的组合方式。住宅群体的组合可以由一定规模和数量的住宅（或结合公共建筑）组合成组或团，作为居住区或居住小区的基本组合单元。组团的规模主要受建筑层数、公共建筑配置、自然地形和现状等条件的影响，一般为 1 000~2 000 人，较大的可达 3 000 人。成组成团的组合方式功能分区明确。

（2）成街成坊的组合方式。成街的组合方式是指住宅（或结合公共建筑）沿街成组成段进行组合的方式。成坊的组合方式是指住宅（或结合公共建筑）以街坊作为整体进行布置的方式。成街的组合方式一般用于城市和居住区主要道路的沿线和带形地段的规划。成坊的组合方式一般用于规模不太大的街坊或保留房屋较多的旧居住地段的改建。

（3）整体式组合方式。整体式组合方式是将住宅（或结合公共建筑）用连廊高架平台等连成一体的布置方式。

（四）住宅群体的空间组合

住宅群体的空间组合就是运用空间构成方法，将住宅、公共建筑、绿化种植、道路和建筑小品等有机地组成完整统一的建筑空间群体。其空间构成方法主要包括：

（1）对比。对比是指把具有明显差异或对立的双方安排在一起进行对照比较，形成对比的空间关系。如大与小、简单与复杂、黑与白、高与低、长与短等。对比的手法可以达到突出主体建筑或使建筑群体空间富于多变的目的，从而打破单调、沉闷和呆板的感觉。

（2）韵律和节奏。指同一形体有规律的重复和交替使用所产生的空间效果。

（3）比例和尺度。比例和尺度是指建筑物的整体或局部的长、宽、高的尺寸、体量间的关系，以及建筑的整体与局部、局部与局部、整体与周围环境之间的尺寸、体量间的关系。

（4）色彩。色彩是建筑最为鲜明的特征，是空间构成的一种辅助，起着表现形体生动美观特性的作用。

（5）绿化。绿化是建筑群体空间重要的物质环境要素，对空间的组合起着联系、分隔、衬托、补充和重点美化等作用。

（6）道路。道路选线一定程度上引导建筑的空间布置，建筑组合与道路有机结合起来将产生良好的空间形象。

（7）建筑小品。小区中常见的建筑小品有围墙、花架、室外座椅、亭廊、垃圾桶等，它们对环境起着重要的点缀作用。

练一练

多项选择题：

我国居住区建筑群体的布置方式有哪几种？（　　）

A. 混合式　　B. 行列式　　C. 周边式　　D. 自由式

【解析】答案为A、B、C、D。我国居住区建筑群体的布置方式分为混合式、行列式、周边式、自由式。

知识点5　居住区公共服务设施及其用地规划布局

学前思考

居住区除了住宅建筑外还有公共服务设施等建筑，它也是居住区中不可或缺的一部分。那么居住区公共服务设施配置的意义是什么呢？它与住宅建筑及其他类型的建筑又有什么样的关系？它又是怎样在居住区布局的呢？在居住区规划设计中，这些问题是都需要考虑的，下面我们就居住区公共服务设施的规划设计等相关知识进行学习。

知识重点

一、居住区公共服务设施配置的目的和意义

城市功能的发挥离不开教育、医疗、社保、体育等基本公共服务。同样，一个功能完善、居住适宜的居住区也离不开配套的公共服务设施，即公共服务设施是满足居民基本物质和精神生活的保障，主要为本区居民服务。公共服务总体水平综合反映了居民对物质生活的客观需求和精神生活的追求，是城市生活文明程度的体现。

二、居住区公共服务设施的分类和内容

目前，国内外已有多种针对公共服务设施的分类，分类标准不同就会产生不同的分类形式。通常，居住区的公共服务设施一般根据使用性质、居民对其使用的频繁程度以及设施本身营利与否进行分类。

（一）根据使用性质分类

居住区公共服务设施可以分为八类：

（1）教育：包括托儿所、幼儿园、小学、中学等。

（2）医疗卫生：包括医院、诊所、卫生站等。

（3）文化体育：包括影剧院、俱乐部、图书馆、游泳池、体育场、青少年活动站、老年人活动室、会所等。

（4）商业服务：包括食品店、菜场、服装店、鞋帽店、家具五金店、眼镜店、钟表店、书店、药房、餐馆、理发店、综合修理处等。

（5）金融邮电：包括银行、储蓄所、邮电局、证券交易所等。

（6）社区服务：居委会、派出所、物业管理公司等。

（7）市政公用：包括公共厕所、变电所、消防站、垃圾站、水泵房、煤气调压站等。

（8）行政管理：包括商业管理、街道办事处等行政管理类机构。

（二）根据使用频繁程度分类

（1）居民每日或经常使用的公共服务设施。

（2）居民必要的非经常使用的公共服务设施。

（三）按营利与非营利性分类

营利类公共服务设施、非营利类公共服务设施。

三、居住区公共服务设施定额指标的制定和计算方法

在我国，城市居住区公共服务设施的定额指标通常由政府统一制定，有条件的地区可结合地方的实际情况，根据国家标准制定适合本地区的定额指标。一般可以用建筑面积和用地面积两个定额指标来确定居住区公共服务设施的建设标准。这种定额指标的计算方法有千人指标、千户指标、民用建筑综合指标等。我国最常用的是“千人指标”。千人指标是指每千人（居民）拥有的各项公共服务设施的建筑面积和用地面积。

四、公共服务设施的规划布置

（一）规划布置的要求

（1）便于居民使用。各级公共服务设施都应有合理的服务半径，按照经验来看：居住区级为800~1 000m；居住小区级为400~500m；居住组团级为150~200m。

（2）按照居民生活、工作习惯布置。具体应设在交通比较方便、人流比较集中的地段，并要考虑职工上下班的走向。

（3）独立的工矿和科研基地的居住区或地处市郊的居住区，则应在考虑公共服务设施为附近地区和农村提供便利的同时，还要保持居住区内部的安宁。

（4）不同级别的公共服务中心应布置到环境较好的地方，形成居住区或城市独特的风貌。

（二）规划布置的方式

居住区的公共服务设施规划布置方式可根据居住区的组合方式进行布置。

（1）第一级，即居住区级公共服务设施，包括专业性的商业服务设施和影剧院、俱乐部、图书馆、医院、街道办事处、派出所、房管所、邮政等为全区居民服务的机构。

（2）第二级，即居住小区级公共服务设施，包括菜市场、综合商店、小吃店、物业公司、会所、幼儿园、中小学等。

（3）第三级，即居住组团级公共服务设施，包括居委会、青少年活动室、服务站、小商店等。

通常，在规划中确定公共服务设施的级别要结合居住区的人口规模，以及居民对于公共服务设施的具体需求。

练一练

多项选择题：

我国居住区中公共服务设施的规划布置方式有哪几种？（　　）

A. 居住区级公共服务设施

B. 居住小区级公共服务设施

C. 居住组团级公共服务设施

D. 区级公共服务设施

【解析】答案为 A、B、C。我国居住区中公共服务设施的规划布置方式有居住区级、居住小区级、居住组团级三种类型。

知识点 6　居住区道路交通的规划布置

学前思考

大家想一想，我们在城市规划建设中，会根据道路在城市中的重要性将城市道路分为快速路、主路、次路、支路等不同级别的道路，从而组成城市四通八达、结构有序的道路网络体系，让居民在城市中的生产、生活、学习等活动得以正常运转。同样，居住区作为一个较为独立的空间单元，也需要布置道路交通设施，而且因居住区的空间环境特点以及居民日常的生活需求，居住区的道路交通布局也有自己的特点。那么居住区的道路交通是如何分级的呢？布局规划又有什么样的特点呢？

知识重点

居住区道路是城市道路体系的重要组成部分，也是居住空间和环境的重要组成部分。道路既是交通空间，又是生活空间。为方便居住区中各种人为活动有效、安全、便捷组织，车行道、人行道和自行车道应该紧密联系，形成网络。因此，道路作为居住区中重要的开放空间，是居住区规划设计的重要部分。

一、居住区道路的功能和分级

（一）居住区道路的功能

和城市道路一样，为保障居住区功能以及城市功能的正常运转，居民区道路承载着一些基本的功能作用。

（1）承载着居住区日常生活、工作等方面的交通、出行等活动。

（2）承载着清除垃圾、递送邮件、医疗救援、消防安全等市政及公共服务用车的运行。

（3）满足铺设各种工程管线的需要。

（4）居住区道路是组织居住区建筑群体、绿化景观的重要手段，也是居民相互交往的重要场所。

（二）居住区道路的分级

根据居住区道路的使用需求，按照居住区的居住空间形式可把居住区道路分为四级，分别是：

第一级，居住区级道路，即居住区的主要道路。承载着居住区中的主要交通活动，起着连接居住区内外交通的作用，通常居住区级道路红线宽度不宜小于 20m。

第二级，居住小区级道路，即居住区的次要道路。用以解决居住区内部的交通联系，路面宽 6~9m。建筑控制线之间的宽度，需敷设供热管线的不宜小于 14m，无供热管线的不宜小于 10m。

第三级，居住组团级道路，即居住区内的支路。用以解决住宅组群的内外交通联系，路面宽 3~5m。建筑控制线之间的宽度，需敷设供热管线的不宜小于 10m，无供热管线的不宜小于 8m。

第四级，宅前小路，即通向各户或各单元门前的小路。路面宽度不宜小于 2.5m。此外，居住区内还可设专供步行的林荫步道，其宽度可根据规划设计的要求而定。

居住区道路交通网络体系如图 6－13 所示。

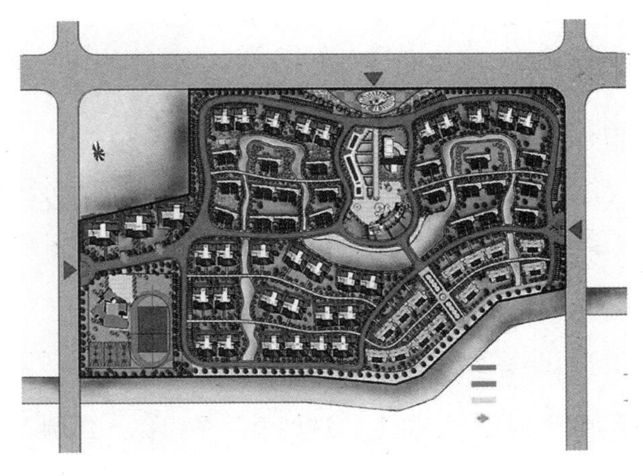

图 6－13 居住区道路交通网络体系

二、居住区道路规划设计的基本要求

为便于居民的日常出行活动，配合好城市道路功能发挥，以便形成完善的城市道路交通体系，在规划设计居住区道路时应满足以下要求：

（1）居住区内部道路主要为本居住区服务。

（2）道路交通的设计要方便居民上下班。住宅与最近的公共交通站之间的距离不宜大于 500m。

（3）道路交通充分利用和结合地形，利于排水，尽量减少土石方施工量。

（4）车行道一般应通至住宅建筑的入口处，建筑物外墙面与人行道边缘的距离应不小于 1.5m，与车行道边缘的距离不小于 3m。

（5）小区内主要道路至少应有两个出入口，居住区内主要道路至少应有两个方向与外围道路相连；沿街建筑物长度超过 150m 时，应设不小于 4m × 4m 的消防车通道，人行出口间距不宜超过 80m，当建筑物长度超过 8m 时，应在底层加设人行通道；居住区内尽端式道路的长度不宜大于 120m，并应在尽端设不小于 12m × 12m 的回车场地。

（6）道路宽度应考虑工程管线的合理敷设。

（7）道路的线形、断面等应与整个居住区的规划结构和建筑群体的布置有机结合，并且要考虑为残疾人设计无障碍通道。

三、居住区道路系统的基本形式

按照居住区中人车活动的关系，居住区的道路交通系统可分为“人车分行”“人车混行”“人车共存”三种形式。

（一）人车分行的道路系统

人车分行是指车行和步行道路分开，形成两套独立的道路体系。特点是避免人车干扰，建构安全舒适的步行环境。最早的人车分行道路系统是 1933 年在美国新泽西州的雷德朋新镇规划中采用并实施的，随后因其人车分流的优点在国内外不断被推广采用。

（二）人车混行的道路系统

人车混行是居住区内最常见的道路交通组织方式，这种方式设计简单，节约用地，在私人小汽车数量不多的国家和地区比较适合，特别是对一些居民以自行车和公共交通出行为主的城市更适用。

（三）人车共存的道路系统

人车共存即人与车同行于同一道路上，这种道路系统更加强调人性化的环境设计，认为人车不应是对立的，而应是共存的，将交通空间与生活空间作为一个整体，使街道重新恢复生机。

四、居住区内静态交通的组织

居住区内静态交通的组织是指各类交通工具的存放方式。静态交通的规划设计遵循方便、经济、安全的原则，采用集中与分散相结合的布置方式，并根据居住区的不同情况采用室外、室内、半地下或地下等存车方式。通常静态交通的设计有自行车与机动车两种形式。

（一）自行车存车设施的规划

自行车停车场地可以分室内、室外两种，并且要与居民的日常活动有效结合起来，便于居民日常使用。自行车停车场地及车库的标准、规范、设计要求等可参见《城市居住区规划设计标准》《停车场规划设计规范》等。

（二）机动车停车场地的规划

小汽车已经走入千家万户，日渐成为家庭生活不可或缺的交通工具，停车场地的设计是这种趋势下不可或缺的部分，因此在进行居住区规划设计时应考虑停车地的规划设计。

居住区停车场地的规划应遵循集中与分散相结合的原则。

居住区的小汽车停车位可以与公共建筑中心及场地、绿地结合起来考虑。停车楼或地下、半地下停车库的方式较为有效。有必要在邻里或组团内结合绿地考虑设置若干面积的泊车位，以解决临时停车用地。此外，考虑到居住相对偏僻住户的实际困难，可通过经营销售的方式解决其停车场地的困难，以与集中停车方式相补充。

机动车停车场地的标准、规范、设计要求等可参见《城市居住区规划设计标准》《停车场规划设计规范》等。

练一练

多项选择题：

居住区道路分哪几级？（　　）

A. 居住区级　　B. 支路　　C. 居住组团级　　D. 居住小区级

【解析】答案为A、C、D。我国居住区中道路分为居住区级、居住小区级、居住组团级、宅前小路。答案B属于城市道路的分类。

知识点7　居住区绿地系统的规划布置

学前思考

大家在购买住房或者到亲戚朋友家时，都会评论这个小区环境优美宜人，鸟语花香；另一个小区环境不好，绿地少且单调……这种直观的对比来自个人对于居住区的感受，即对小区整体环境尤其是绿化环境的感观。绿化环境在美化小区、创造宜人舒适的居住环境方面扮演着不可替代的作用。那么，居住区的绿地可以具体划分为哪些类型呢？它发挥着什么样的功能呢？如何规划布置居住区的绿地呢？居住地的绿地在规划时应遵循什么标准呢？

知识重点

一、居住区绿地的功能

居住区绿地是城市绿地系统的重要组成部分，面广量大，与居民关系密切，对于居住区功能的发挥具有重要作用，具体表现在以下几方面：

（1）有助于改善小气候。植物绿化能进行光合作用，调节小气候。一般情况下，夏季树荫下的空气温度比露天的空气温度低 3℃ ~4℃。

（2）可以净化空气。很多植物可以吸尘，消化掉一些有毒有害的气体，并且通过光合作用产生氧气，从而不断地净化小区的环境。

（3）起到遮阳、隔声的效果。

（4）可以帮助防风、防尘、杀菌、防病。

（5）提供户外活动场地，满足健身需要。

（6）娱乐休闲，调节身心。

二、居住区绿地的分类

根据使用性质的不同，居住区的绿地可分为：

（1）公共绿地：居住区内居民公共使用的绿化用地。

（2）附属绿地：公共建筑和公用设施的附属绿地。

（3）宅旁绿地：住宅四周的绿地。

（4）街道绿地：居住区内各种道路的行道树等。

三、居住区绿地的指标

居住区绿地的指标包括平均每人公共绿地面积和绿地率。其中平均每人公共绿地面积是指每个人拥有的公共绿地面积；绿地率是指居住区里公共绿地占居住区总面积的比重。按照我国现行的《城市居住区规划设计规范》，居住区中居住组团的人均绿地面积不应少于 0.5m^2/ 人，居住小区不应少于 1m^2/ 人，居住区不应少于 1.5m^2/ 人。新建的居住区绿地率不低于 30%，旧区改建不宜低于 25%。

四、居住区绿地规划的要求

（1）要遵循一定的规划设计要求。绿地的使用要求采取集中与分散、重点与一般和点、线、面相结合的原则。另外，要与城市总的绿地系统相协调。

（2）尽可能利用坡地、洼地进行绿化，充分结合河、湖、塘等绿地资源。

（3）植物选择不追求名贵花木，以适宜生长、安全、美观为主，宜采用本土物种。

五、居住区绿地的规划布置

（一）公共绿地

通常居住区的公共绿地可采用二级或三级布置方式。另外，还可结合文化商业中心、人流集中的地段设置居住区公园、居住区小游园、小块公共绿地。

1. 居住区公园

居住区公园最好能与同级别的体育活动设施、文化商业中心等相邻，位于居住区中心位置，与小区居民的最远距离不超过 800m，便于居民到达，总面积约 $1hm^2$。

2. 居住区小游园

居住区小游园主要是为了方便居民就近使用，面积约为居住区公园的一半，居民步行到达距离不宜超过 400m，可以设置一些简单的游憩、文体设施，宜布置于居住区中心。

3. 小块公共绿地

小块公共绿地通常是结合居住组团布置的，是离居民最近的休息和活动场所，主要供居住组团居民使用。老人与小孩是小块公共绿地的主要使用者，因此在具体规划设计中要结合两类人群的使用特征。

（二）附属绿地

公共建筑和公共设施的附属绿地除配合自身景观绿化需要外，还得与周围环境相协调。

（三）宅旁绿地

宅旁绿地主要满足居民休息、幼儿活动等需要。宅旁绿地的布置方式随居住建筑的类型、层数间距及建筑组合形式等的不同而异。在住宅四旁由于向阳、背阳和住宅平面组成的情况不同还应有不同的布置。

（四）街道绿地

街道绿化对于居住区的环境景观、居民的出行生活影响很大，应精心规划设计。街道绿化的布置要根据道路的断面组成、走向和地上、地下管线敷设的情况而定，要考虑遮阳、通风、日照、行车安全、绿化美观等。通常行道树宽度不应小于 1.5m，树池最小尺寸为 1.2m × 1.2m。

六、居住区绿化植物的配置原则

居住区绿化植物的配置应遵循以下原则：

（1）应考虑居住区整体功能的需要。行道树宜选用枝繁叶茂、遮阳效果较好的树种；活动场地忌用有毒、带刺类植物；体育场避免采用大量开花结果的树木。

（2）植物配置要考虑四季景色的变化，可采用乔木与灌木、常绿与落叶以及不同树形和色彩变化的树种搭配组合，以丰富居住环境景观。

（3）对于量大面广的绿化，宜选择便于管理、容易生长的树种，一般以乔木或者有经济价值的植物为主。

（4）居住区各类绿化植物与建筑物、管线和构筑物保持一定距离。

练一练

多项选择题：

下面哪些是居住区的绿地？（　　）

A. 公共绿地　　B. 附属绿地

C. 河道绿地　　D. 宅旁绿地

【解析】答案为 A、B、D。我国居住区的绿地分为公共绿地、附属绿地、街道绿地、宅旁绿地四类。

知识点 8　居住区规划的技术经济指标

学前思考

面对千千万万、各不相同的居住区，规划师是如何保障规划出来的居住区在居住环境、经济投资等方面的合理性的呢？是规划师的个人经验吗？如果是这样，那这种不确定性太大了，如果不是这样，那么居住区的规划设计依据的是什么指标呢，这些指标又是怎么来的，有什么意义呢？显然，搞清楚这些问题有利于我们更好地把握规划过程中的一些技术性操作，保障规划建设的居住区符合城市建设的发展要求。

知识重点

一、居住区用地平衡表

为了保证各类建设用地均衡，便于各类建筑与设施能有相应的建设用地，以方便居住区功能的充分发挥，居住区规划也会像城市规划一样，采用用地平衡表进行指引控制。其作用主要表现在：

（1）对土地使用现状进行分析，以作为调整用地和制定规划的依据之一。

（2）可用作方案比较，以检验用地分配方案的经济性与合理性。

（3）是规划管理部门审批用地方案的依据之一。

用地平衡表的具体内容如表 6-2 所示。

表 6-2 居住区用地平衡表

项目		面积（hm^2）	所占比例（%）	人均面积（m^2/人）
一、居住区用地（R）		▲	100	▲
1	住宅用地（R01）	▲	▲	▲
2	公建用地（R02）	▲	▲	▲
3	道路用地（R03）	▲	▲	▲
4	公共绿地（R04）	▲	▲	▲
二、其他用地（E）		△	—	—
居住区规划总用地		△	—	—

注：“▲”为参与居住区用地平衡的项目。

资料来源：吴志强，李德华．城市规划原理 [M]. 4 版．北京：中国建筑工业出版社，2010.

二、居住区规划设计的主要技术经济指标

为保证居住区规划设计的规范性，衡量其投资建设经济性，保障居住区规划建设的环境，需要通过一系列技术经济指标进行衡量。

我国居住区规划设计的主要技术经济指标包括居住户数、居住人数、总建筑面积、住宅建筑面积、平均层数、住宅建筑净密度、住宅建筑面积净密度、住宅建筑面积毛密度、人口净密度、人口毛密度、容积率、每公顷土地开发费用、单方综合投资等。下面对一些常用的指标作简要说明。

（一）平均层数

平均层数是指住宅总建筑面积与住宅基底总面积的比值。

（二）住宅建筑净密度

住宅建筑净密度是指住宅基底总面积与住宅用地面积的比值。其受气候、防水、防震、地形条件和院落使用要求等影响。

（三）住宅建筑面积净密度

住宅建筑面积净密度是指住宅总建筑面积与住宅用地面积的比值。

（四）住宅建筑面积毛密度

住宅建筑面积毛密度是指住宅总建筑面积与居住用地面积的比值。

（五）人口净密度

人口净密度是指规划总人口与住宅用地总面积的比值。

（六）人口毛密度

人口毛密度是指规划总人口与居住用地总面积的比值。

三、居住区规划建设的定额指标

居住区是城市建设用地主要用途之一，我国人口众多，住房需求很大，对于居住区用地的需求量也非常巨大，与之相对的是，我国建设用地资源匮乏，人均用地紧张。因此，为了高效利用城市用地，提高居住区建设的经济性，政府对居住区规划和建设制定了一系列控制性的定额指标。目前居住区常用的规划建设定额指标有用地、建筑面积、造价等。

（一）居住区用地的定额指标

居住区用地的定额指标分为总用地指标和各类用地分项指标，并按照平均每位居民多少平方米来计算。采用总体与分项结合的方式有助于把握整个居住区的规划，便于更加准确地控制整个开发建设过程。目前，我国采用的用地定额指标是住建部 2016 年颁布修订的“居住区用地平衡控制指标”和“人均居住区用地控制指标”（见表 6－3、表 6－4）。

表 6－3　居住区用地平衡控制指标（%）

用地构成	居住区	居住小区	居住组团
1. 住宅用地（R01）	50~60	55~65	70~80
2. 公建用地（R02）	15~25	12~22	6~12
3. 道路用地（R03）	10~18	9~17	7~15
4. 公共绿地（R04）	7.5~18	5~15	3~6
居住区用地（R）	100	100	100

表 6－4　　人均居住区用地控制指标（m/ 人）

居住规模	层数	建筑气候区划		
		Ⅰ、Ⅱ、Ⅵ、Ⅶ	Ⅲ、Ⅴ	Ⅳ
居住区	低层	33~47	30~43	28~40
	多层	20~28	19~27	18~25
	多层、高层	17~26	17~26	17~26
居住小区	低层	30~43	28~40	26~37
	多层	20~28	19~26	18~25
	中高层	17~24	15~22	14~20
	高层	10~15	10~15	10~15
居住组团	低层	25~35	23~32	21~30
	多层	16~23	15~22	14~20
	中高层	14~20	13~18	12~16
	高层	8~11	8~11	8~11

（二）居住区建筑面积的定额指标

居住区建筑面积是指居住区内主要类型的建设面积，包括住宅和居住区内各类配套的公共服务设施的建筑面积，这两类建筑面积的定额指标按平均每人居住面积进行计算。

居住面积通过人均居住面积进行控制，对于人口众多的我国是非常必要的，有利于避免浪费，促进居住区建设健康发展。居住区中的医疗、文化、体育等配套公共服务设施的建筑面积的定额指标包括总的公共服务设施建筑面积定额指标和各分项的定额指标。这些指标既能从整体层面把握公共服务设施的配置比例，又能从各分项上满足标准，避免有些设施建设标准过高，有些设施又配置不足。具体指标参见《城市居住区规划设计标准》。

（三）居住区造价的定额指标

土地、建材、设计、人力成本等的费用通常都是由市场来决定的，因我国幅员辽阔，各地区发展水平不一，相关商品的价格千差万别，如北京的土地价格与西部一个地级市的土地价格完全不具有可比性。因此，当前我国居住区建设的造价指标主要受市场影响。

练一练

多项选择题：

下面哪些是我国居住区规划设计常用的规划建设定额指标？（　　）

A. 建筑密度　　B. 造价

C. 建筑面积　　D. 用地

【解析】答案为 B、C、D。目前居住区常用的规划建设定额指标有用地、建筑面积、造价等。

参考文献

[1] 吕俊华 . 中国现代城市住宅 (1840—2000) [M]. 北京：清华大学出版社，2003.

[2] 吕俊华，邵磊 . 1978—2000 年城市住宅的政策与规划设计思潮 [J]. 建筑学报，2003(9): 7-10.

[3] 吴志强，李德华 . 城市规划原理 [M]. 4 版 . 北京：中国建筑工业出版社，2010.

[4] 周俭 . 居住区规划原理 [M]. 上海：同济大学出版社，1999.

[5] 黄越，刘德健 . “市场与经济”主导“形式与空间”——有感居住区规划的实用主义设计手法 [J]. 建筑学报，2005(10): 14-16.

[6] 李旭光 . 对《城市居住区规划设计规范》若干问题的思考 [J]. 规划师，2005(8): 52-54.

[7] 姜力，王萌，黄靖淇 . 居住区规划设计课程教学方法创新探讨 [J]. 当代教育理论与实践，2016，8(9): 98-100.

第七单元

城市遗产保护与城市复兴

Unit

学习导引

本单元将为大家介绍城市文化遗产保护的相关知识，阐明城市文化遗产保护的重要意义，回顾西方城市文化遗产保护和我国城市文化遗产保护制度的发展历程，着重阐述历史文化名城、历史文化街区和历史建筑保护规划的基本方法，通过反思第二次世界大战以来旧城更新带来的城市问题，指出未来的城市发展必将从旧城更新向城市复兴转型。

学习目标

学完本单元内容之后，你能够：

（1）了解城市文化遗产保护的意义；

（2）了解西方城市文化遗产保护发展历程；

（3）了解中国历史文化遗产保护的发展历程；

（4）了解城市遗产保护规划的基本方法；

（5）认识到从城市更新到城市复兴的城市发展转型。

知识结构图

图 7－1 是本单元的知识结构图，包含五部分的内容：城市文化遗产保护的意义、西方城市文化遗产保护的发展历程、中国历史文化遗产保护的发展历程、城市遗产保护规划的基本方法、从城市更新走向城市复兴。

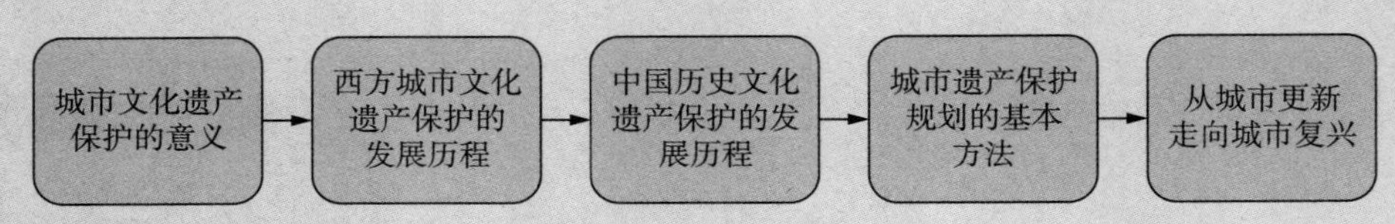

图 7-1　知识结构图

看完上面的知识结构图后，大家可以初步了解本单元的学习内容，接下来我们就按照这个框架来逐一学习各个知识点的内容。

知识点 1　城市文化遗产保护的意义

学前思考

我们大多都生活在不同的城市中，那么你能列举出几个所在城市具有特色的建筑、街巷、小吃、地方产品吗？如果有朋友到你所在的城市，你会优先推荐他们去哪里呢？由此也引出我们下面要讨论的问题：城市文化遗产是什么？我们为什么要保护这些城市历史文化遗产？

知识重点

在讲解知识点之前，我们先作一个小测试，大家请看下面的图片（见图 7－2），根据图片能猜出是哪个城市吗？

图 7－2　城市图片

这个城市有高楼、草坪、路灯、地铁站，可能很多同学猜不出这是在哪个城市，因为很多城市都有高楼、草坪。那么我们再看下面这张图片（见图 7－3）。

图 7－3　北京前门地区正阳门箭楼景观

通过这张图我们可以猜测这里可能是北京，因为图中的箭楼与我们印象中作为古都的北京十分相符。通过这两张图的简单对比，我们可以直观地体会到文化遗产作为城市特色标志的重要意义。

一、从文物保护到文化遗产保护

（一）文物

文化遗产这个概念首先源于文物，那么什么是文物呢？从概念上讲，文物是人类在历史发展过程中留存下来的遗物和遗迹，它反映了不同历史时期、不同地域的人与人、人与社会、人与自然以及生态环境的活动与状况。按照《中华人民共和国文物保护法》的相关规定，受国家保护的文物包括：（1）具有历史、艺术、科学价值的古文化遗址、古墓葬、古建筑、石窟寺和石刻、壁画（及周边的附属文物）；（2）与重大历史事件、革命运动或者著名人物有关的以及具有重要纪念意义、教育意义或者史料价值的近现代重要史迹、实物、代表性建筑；（3）历史上各时代珍贵的艺术品、工艺美术品；（4）历史上各时代重要的文献资料以及具有历史、艺术、科学价值的手稿和图书资料等；（5）反映历史上各时代、各民族社会制度、社会生产、社会生活的代表性实物。此外，具有科学价值的古脊椎动物化石和古人类化石同文物一样受国家保护。

（二）文化遗产

我们经常听到"文化遗产"这个概念，比如世界文化遗产、非物质文化遗产等，到底什么是文化遗产呢？文化遗产的概念和范畴比文物要大得多，因为文化遗产不仅包括人类历史上遗留的有形的物质遗存，还包括在人类发展过程中产生的知识、技术、习俗等无形的文化资产。文化遗产总体上可以分为古迹、建筑群和遗址三个类别。

● 古迹（monuments）：具有历史、艺术、建筑、科学或人类学等方面价值的一切建筑物（及其环境、相关固定陈设和内容）。包括古迹的雕刻与绘画，具有考古性质的物品或建筑物、题记、洞窟，以及具有类似特征的所有综合物。

● 建筑群（groups of buildings）：在其建筑风格、协调性或所处位置等方面具有历史、艺术、科学、社会或人类学等方面价值的独立或相连的一切建筑及其环境。

● 遗址（sites）：从历史、审美、人类学角度看具有突出的普遍价值的人类工程或自然与人工相结合的工程以及考古地址等地方。遗址是具有一定区域范围的。

近年来，文化遗产的相关理念不断发展，文化遗产的保护对象由遗产本身扩展到周边环境、文化景观，遗产类型也由静态向动态扩展，保护范围更是由点、线、面扩展到了遗产所在的区域。根据联合国教科文组织等国际机构对文化遗产的定义，我们还可以将文化遗产分为以下几种常见类型：

1. 建筑遗产

建筑遗产不仅包括品质超群的单体建筑及其周边环境，还包括具有历史和文化意义的地区。建筑遗产是我们辨识一个地区文化特色最重要的标志，如比萨的斜塔、古罗马的斗兽场（见图 7－4）、北京的天坛等。

图 7－4　古罗马斗兽场

2. 乡土建筑遗产

乡土建筑是位于乡村地区，体现了当地自然环境和传统风貌特色的建筑，它是当地社会历史发展和环境风貌变化最宝贵的记录者。福建的土楼、广东的祠堂都是乡土建筑遗产的典型代表。图 7－5 即是一例。

图 7-5　乡土建筑遗产

3. 产业遗产

产业遗产是指具有历史、科技、社会、建筑或科学价值的近代工业文明的遗存，包括建筑、机械、车间工厂、矿场矿区、货站仓库等产业活动场所以及与产业活动息息相关的住宅、教育设施等社会活动场所。图 7-6 即是一例。

图 7-6　北京 798 艺术区

4. 文化线路

文化线路是由人类的迁徙和交流等活动而形成的路上道路、水上线路或者混合类型的通道，它是一定时期内不同地区人类交往和不同文化相互传播的载体，比如我们所熟知的“丝绸之路”就是典型的代表。

二、城市文化遗产保护的意义

小到里弄胡同，大到故宫天坛，城市中的文化遗产千姿百态，我们经常在新闻中看到为了保护这些文化遗产，需要进行大量资金和时间的投入。与现代化的高楼大厦相比，城市文化遗产好像又显得跟印象中的现代都市景观格格不入，那么我们为什么还要耗费大量的时间与精力去保护城市文化遗产呢？这些城市文化遗产对其所在的城市又发挥了什么作用呢？这些问题都值得我们去思考。

（一）城市文化遗产是城市历史的传承

城市作为人类重要的聚集和活动空间，其本身就是人类文明的结晶，是传承物质文明和精神文明的重要载体，同时城市也是一种文化现象，城市文化遗产既是城市历史发展进程最好的见证，也是城市文化传统最好的记忆。正如一提起北京我们就能想到胡同大院，一提到上海我们就能想到里弄住宅。苏州的园林与现代化的工业园交相辉映；乌鲁木齐的大巴扎与外贸口岸相得益彰。那些体现不同时期特有风貌的文物建筑，反映不同时代社会经济状况的遗迹遗物，往往成为一个城市最生动的历史书。

（二）城市文化遗产是城市特色的基础

“千城一面”仿佛成了现代城市的通病，钢筋混凝土铸就的现代化都市最容易让人审美疲劳，最具魅力和吸引力的城市一定是具有自身特色和个性的城市。城市的历史建筑和文化景观正是最好的城市符号，它们传承了地方的文化传统，展现了城市的时代气息，是城市文化赖以生存的物质载体。城市建筑不仅是为了生产使用而建造，它还是地方文化和生活艺术最高大的展示板；城市的文化习俗往往能够成为城市最好的名片。延安的宝塔，维也纳的金色大厅，悉尼的歌剧院，这些珍贵的城市文化遗产给人们留下了城市最深刻的印象。

（三）城市文化遗产是城市发展的资源

随着可持续发展理论的普及，人们对“资源”的认识已经不仅仅局限于自然资源这一狭隘的概念，城市文化遗产作为一种不可再生的文化资源，正在城市形象宣传、乡土情结维系、文化身份认同、宜居环境构建等方面发挥着重要的作用，日益受到人们的关注。“旅游城市”的兴起就是最好的诠释，文化休闲、旅游观光及其带动而来的文化创意等相关产业正为城市的发展注入新的绿色能源，在为城市创造财富和就业岗位的同时，不断提升着城市的影响力与吸引力。

（四）城市文化遗产是城市精神的纽带

“月是故乡圆”，同一个月亮，为何我们钟情于家乡的月亮呢？这就暗含了情感方面的认同。同样的道理，真正的宜居城市不仅仅是物质环境的舒适，更需要精神层面的融人，对城市文化的认同。城市文化遗产传承着历史的变迁，延续着城市的文脉，是人们对“故乡”最深刻的记忆。城市在历史发展过程中形成的历史建筑、传统风貌和街巷形态承载着世代传承的集体智慧，定格了人们宝贵的群体回忆，展现了风土人情的时代特色，成为联系世世代代生活于此的人们的精神纽带。

练一练

多项选择题：

城市历史文化遗产保护基本要素包括哪些？（　　）

A. 历史建筑与遗址

B. 历史街区

C. 建筑、城市与自然景观

D. 历史文化传统

【**解析**】答案为 A、B、C、D。文化遗产包括物质文化遗产和非物质文化遗产，历史建筑、遗址、街区、城市、文化传统都属于城市历史文化遗产保护的基本要素，在一些城市文化遗产保护时常常会忽略历史文化传统的保护，但优秀的历史文化传统也是城市宝贵的文化遗产、发展资源，是提升城市魅力、吸引力、竞争力的重要因素。

知识点 2　西方城市文化遗产保护的发展历程

学前思考

西方城市文化遗产保护的发展历程是什么样呢？经过哪些主要发展阶段？产生了哪些主要的思想流派？这些思想流派有何局限性和进步之处呢？

知识重点

一、主要发展阶段和思想流派

西方的城市文化遗产保护起源于文物的保护，保护的方式以古董的收藏为主。文化遗产保护作为一门科学，真正的开始大约在 19 世纪。1834 年希腊通过了第一部关于古迹保护的法律，19 世纪末以来，世界各国陆续开始通过现代立法保护国家的文物古迹。文化遗产保护理念的发展是一个循序渐进的过程，从“风格复原”到保护“真实性”；从保护古玩器物等文物发展到保护建筑物、遗址；从保护宫殿、府邸、教堂、寺庙等建筑精品逐渐拓展到见证平民生活，反映社会历史整体风貌变迁的普通建筑；从保护单体的文物古迹扩大到成片历史街区，乃至一座完整的古城。在文化遗产保护的实践中，我们不断深化对文化遗产的认识。

18 世纪之前，城市文化遗产保护思想处于萌芽期，这一时期还没有形成系统化的城市文化遗产保护思想；18 世纪至第二次世界大战前，是城市文化遗产保护思想的成型期，在此阶段形成了三个主要的思想流派——法国学派、英国学派和意大利学派，奠定了城市文化遗产保护领域的基本理念和思想体系，《威尼斯宪章》便是以意大利学派为基础草拟的；第二次世界大战之后，城市文化遗产保护体系进入成熟期，《奈良宣言》和《西安宣言》是相关理念的重要集合。

二、法国学派

在近代科学的带动下，人们对于文物的认识不断深化，法国学派首先主张文物的保护要建立在科学的基础之上，这一主张推动了文物保护工作的发展进程。1840 年，在古建筑鉴定专家和文学家梅里美的倡议下，法国成立了世界上第一个专门政府机构“历史建筑总检查院”，并出台了《历史建筑法案》，从而开始了对历史建筑的系统性保护。

法国学派的核心主张是“整体修复”，即主张在文化遗产和文物的修缮保护上注重进行风格复原，不仅仅在外观上要修复到原有的风格，内部的结构上也应保持一致性，避免不同时间、不同风格的构建安装在同一件文化遗产上。在法国学派看来，修复一座建筑，不是简单的修缮它，也不是重建它，而是要把它恢复到完完整整的状态，即使这种状态从来没有存在过。

最经典的案例便是维欧莱－勒－杜克（Viollet-le-Duc）对巴黎圣母院的修复工作。巴黎圣母院作为当时巴黎最古老的天主教堂，在法国大革命期间遭受了严重的损毁，作为当时著名的建筑师，维欧莱－勒－杜克被任命为巴黎圣母院后期修复工程的总建筑师，为追求风格的纯正统一，维欧莱－勒－杜克修理了建筑中存在的部分，补足了它所有的缺失，使它“焕然一新”，还加建了一个本来没有而他认为应该有的尖塔。

但是，文物建筑本身是一个历史积累的产物，不同时代在其身体上留下的印记都有其特殊的价值，法国学派片面地强调风格的统一，忽略了文物本身所携带的不同时期的历史信息，其“整体修复”的修缮方式反而会破坏其他历史信息的遗存，严重影响了文物的“原真性”。与此同时，法国学派是以建筑师的眼光看待文物的保护，因而简单地聚焦于建筑风格和结构，忽视了文物在文化、感情、历史等方面的综合价值。

三、英国学派

英国人生性保守，尊重传统，在建筑保护和修复上也秉承了这一风格，逐渐形成了“历史浪漫主义”修复风格。其代表人物有两位：散文家、文艺理论家兼建造理论家拉斯金（John Ruskin）和诗人、作家兼美术家莫里斯（Willian Morris）。1877 年，莫里斯创立了

“文物建筑保护协会”，这是英国第一个全国性的文物建筑保护组织。在他们的带领下，英国首先发起了反修复运动。

英国学派的核心主张是“保持原真性”，反对开展对古建筑的“修复”，认为所谓“修复”即意味着破坏，而且是最彻底的破坏，主张对古建筑的最佳保护方式便是加强经常性的维护。同时，英国学派认识到文物建筑的价值超出了建筑的范围，每一座古建筑都是历史的纪念碑，包含着那个时代的印记，主张一种“废墟”的保护方式，即使发现原有修道院的建筑倒塌，也不应进行修复，而是把木料等易腐烂的材料去掉，剩下砖石，上种青藤，从而形成遗迹。

但是，英国学派过于极端的反对一切修缮和修复，甚至连延长文物建筑寿命的必要的整改也被拒绝，这不利于文物的留存；同时，片面地认识文物建筑，认为只有具有历史意义或与历史有关的建筑才是值得保护的古建筑，而其他地域性建筑的价值被忽视，导致其缺失应有的保护。

四、意大利学派

在很长一段时间内，法国学派和英国学派争论不休，由于两个学派各有不足，因此另一种声音出现了，这种声音既不赞成法国学派创造性的修复方法，也不赞成英国学派对待文物建筑听之任之的消极态度，主张“保护”，而非“恢复”，同时注重文物的“年代价值”，随后在波依多（Camillo Boito）等人的努力下，1939 年，意大利政府在罗马成立文物修复中心，标志着意大利学派诞生。

意大利学派主张文物建筑具有多方面的价值，不仅仅是艺术品，更重要的是作为文化史和社会史的“实物的见证”，因此，保护工作不应仅仅关注直观的构图的完整和风格的纯正，而应该着眼于文物本身包含的全部历史信息。不仅仅要尊重原生态的建筑物，也要尊重它身上以后陆续添加的部分，在不影响文物安全的前提下，文物建筑的缺失也是历史痕迹，不应该轻易补足。在文物的保护中，反对片面追求恢复文物建筑的原始风格，当文物已经损坏时，就不应该以重建的方式让文物“复活”，如果要进行修复，就要力争做到最后一次干预。此外，意大利学派还主张在保护文物本身之外，要保护文物建筑原有的环境。

米兰斯福尔扎城堡的修缮是意大利学派主张的最好的实践。在修缮过程中，凡是增添的内容，都跟原物有明显的不同，以避免以假乱真，同时增添的内容都很容易拆除，在此基础上，改造中尽量展示出了各个时期的历史在城堡中遗留下来的痕迹。

五、《威尼斯宪章》

1964 年，意大利政府举办了“第二届历史纪念物建筑师及技师国际会议”，讨论通过了《国际古迹保护与修复宪章》（又称《威尼斯宪章》），作为文物建筑保护领域的第一个国际宪章，它在国际历史文化遗产保护领域具有里程碑式的意义，确定了建筑遗产保护行为的科学规范。时至今日，《威尼斯宪章》仍是联合国教科文组织处理国际文化遗产实物的准则，是其评估世界文化遗产的主要参考标准。

《威尼斯宪章》首先扩大了文物建筑的概念，指出“历史文物不仅包括个别的建筑物品，而且包含能够见证某种文明、某种有意义的发展或者某种历史事件的城市或乡村环境，不仅适用于伟大的艺术品，也适用于由于时光流逝而获得文化意义的过去比较不重要的作品”。《威尼斯宪章》着重关注保护文物建筑的原真性和整体性，禁止任何形式的“重建”，同时反对消极的文物保护思想，主张“利用一切科学技术来保护和修复文物建筑”。在此基础上，还将过去单纯的对古迹的保护上升为对一定范围环境的保护，主张保护文物所赖以存在的传统环境。

在《威尼斯宪章》的带动下，20 世纪 60 年代，国际上形成了一股保护历史地段的高潮，1962 法国颁布《历史街区保护法令》，这是世界上第一个关于历史街区保护的法令；1962 年至 1965 年，丹麦、比利时和荷兰分别在各自城市规划区中设立保护区；1967 年英国颁布《城市文明法》。这一系列的措施改变了传统的保护方法，实现从物质实体的遗产保护到包含人文环境的地段保护的转变。

六、《奈良宣言》和《西安宣言》

虽然《威尼斯宪章》确立了一系列的文化遗产保护原则，但是判断文化遗产所具有的价值及其所蕴含的信息的可信程度都需要结合不同的文化背景，文化的多样性决定了即使在相同的文化背景内，也可能出现不同的判断。因此《威尼斯宪章》是基于西方文化背景产生的，在实际的文化遗产保护活动中不可能基于固定的标准来进行价值性和真实性的评判。试想，如果没有西方文化的背景知识，我们很难感同身受地去理解一个西方文化遗产所蕴含的真实价值。同理，一个缺少中华文化知识的美国人也很难理解中国文化遗产中蕴含的东方哲学思想。

出于对世界文化多样性的尊重，对遗产项目的考虑和评判必须在相关文化背景下进行，《奈良真实性文件》(又称《奈良宣言》)应运而生。1994 年在奈良举办的“与世界遗产公约相关的奈良真实性会议”通过了《奈良宣言》，以文化遗产的多样性为基础，改写了原有的关于文化遗产价值与真实性方面的判断标准，在强调保护文物古迹真实性的同时肯定了保护方法的多样性，为原本弱势的非西方文化遗产保护开创了新的篇章。

在弥补了《威尼斯宪章》关于不同文化背景下的适用性的问题后，另一个问题逐渐引起人们的关注，那就是如何定义文化遗产所需的环境。我们知道，故宫周边的建筑都是有限高要求的，为的就是保护故宫所赖以存在的传统环境，但是文化遗产所赖以存在的环境不仅仅是高度限制那么简单，在城市化高速发展的今天如何正确认识文化遗产与周边环境关系呢？《西安宣言》便是为回答这个问题而产生的。

2005 年，在古城西安举行的国际古迹遗址理事会第 15 届大会，一致通过了《西安宣言》，该宣言在《威尼斯宪章》的基础上扩展了文化遗产周边环境的内涵，将环境对于遗产和古迹的重要性提升到一个新的高度。《西安宣言》指出，除了实体和视觉方面的含义之外，文化遗产的周边环境还包括与自然环境之间的相互关系，以及社会活动、习俗、传统知识等非物质文化遗产。

练一练

单项选择题：

文物建筑保护领域的第一个国际宪章是以哪个学派的文物保护理论思想为基础起草的？（　　）

A. 法国学派　　B. 英国学派　　C. 意大利学派

【解析】答案为 C。意大利学派主张文物建筑具有多方面的价值，保护工作不应仅仅关注直观的构图的完整和风格的纯正，而应该着眼于文物本身包含的全部历史信息，反对片面追求恢复文物建筑的原始风格，如果进行修复就要力争做到最后一次干预，同时主张保护文物建筑原有的环境。这些都成为《威尼斯宪章》起草的理论基础。

知识点 3　中国历史文化遗产保护的发展历程

学前思考

我国有哪些世界文化遗产？我国是如何保护历史文化遗产的？这些保护方式和制度是如何形成的？现有的保护有哪些利弊？

知识重点

一、中国城市历史保护的主要发展阶段

“匠人营国，方九里，旁三门。国中九经九纬，经涂九轨，左祖右社，面朝后市，市朝一夫”，这段出自《周礼》的论述向我们展示了我国传统都城的营建标准。从图 7－7 中我们也可以直观地发现，我国大一统王朝的都城有着一定的建造规制，其中不乏儒家的传统思想，呈现一脉相承的特点，这为中华儿女留下了一笔宝贵的文化财富。但是，古代的王朝更替中经常发生毁都灭国的案例，如项羽火烧阿房宫、金兵劫掠开封城等，即使是国家统一组织的守陵寝、护孔庙等行动也多是出于政治目的，而非以文物保护为初衷。

我国现代意义上的文物保护制度始于 20 世纪 20 年代的考古科学研究。1922 年，北京大学设立了考古学研究所和考古学会，这是我国历史上最早的文物保护学术研究机构。1930 年，朱启钤、梁思成、刘敦桢等发起组建了中国营造学社，作为一家私人兴办的以

研究中国传统营造学为主业的学术团体，中国营造学社系统地用现代科学方法研究中国古代建筑，为中国古代建筑史研究作出重大贡献。1930年的《古物保存法》，1931年的《古物保存法细则》，1932年设立中央古物保管委员会并颁布《中央古物保管委员会组织条例》，这些法令和机构开启了我国由国家对文物实施保护与管理的历史。

新中国的历史文化遗产保护制度就是在这样的历史背景和基础上逐步建立起来的。总体上，我国历史文化遗产保护的发展历程可以分为三个阶段：以文物保护为中心的形成阶段、增加历史文化名城保护的发展阶段以及增设历史文化保护区的成熟阶段。

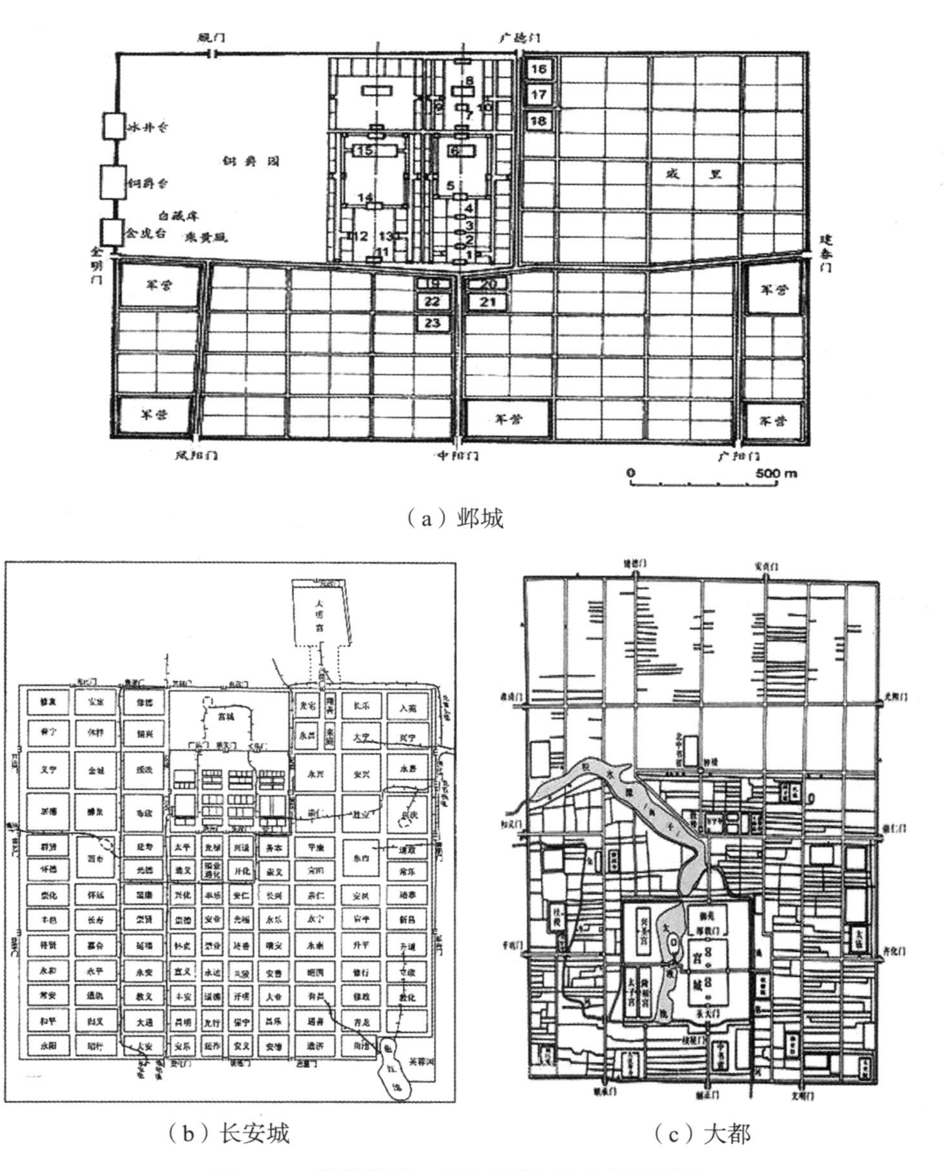

（a）邺城

（b）长安城

（c）大都

图7-7 曹魏邺城、唐长安城、元大都平面图

资料来源：百度图片。

二、形成阶段：以文物保护为中心

新中国成立后首先要解决的便是战争年代造成的文物破坏与流失问题。20 世纪 50 年代至 60 年代，中央人民政府通过颁布《关于保护文物建筑的指示》《禁止珍贵文物图书出口暂行办法》等关于保护文物古迹的政令，设立中央和地方文物管理机构，建立考古研究所，从而初步建立了我国的文物保护制度。1961 年颁布的《文物保护管理暂行条例》是新中国成立后关于文物保护的概括性法规，同年颁布的第一批全国重点文物保护单位，建立了我国的重点文物保护单位制度。1982 年《中华人民共和国文物保护法》的颁布，标志着我国以文物保护为中心内容的历史文化遗产保护制度的形成。

虽然我国的文物保护制度初步形成，但是这种以文物保护为中心的单一保护体系，只注重文物建筑的保护，却忽视了文物建筑所需的自然社会环境。众所周知，西安是六朝古都，北京为明清皇城，同样是穿越千年的文化名城，但是为何西安市内的明代城墙仍然巍峨耸立，但北京城内的古城墙却无处可寻呢？这一现象便展示了当城市发展与文物保护之间产生矛盾的时候，不同城市的不同处理方式。20 世纪 50 年代至 80 年代，由于我们对城市保护的认识还仅限于文物或遗址方面的保护，对于古城整体的价值认识不足，没有形成对古城整体环境进行保护的理念。于是，面对工业化建设的现实需求，故宫、天坛等文物建筑被保留了下来，但是北京旧城墙等古城的构成要素未获得及时有效的保护，造成了古城的空间特色和文化环境方面的损失。

三、发展阶段：增加历史文化名城保护

随着改革开放的浪潮席卷全国，城市化进程在中华大地不断加速，产业的落地和人口涌入不断刺激着城市的快速开发与建设，新城开发、旧城更新以及基础设施改造不断冲击着城市的传统风貌，单一文物建筑的局部保护已经无法满足我国历史文化遗产的保护需要，面向整个历史传统城市的保护工作迫在眉睫。

1982 年，北京等首批 24 座国家级历史文化名城公布，标志着名城保护制度在我国初步形成，我国的历史文化遗产保护进入了新的阶段。截至今日，历史文化名城保护制度在城市规划、人才培养、国际交流、学术研究、监督管理等多个方面不断发展与完善，历史文化名城保护的内容，也由单体文物保护，扩展至历史环境及历史街区的保护；从注重城市总体布局等物质空间结构的保护，延伸至城市特色与文脉的延续，从而建立了我国历史文化名城保护和文物保护相结合的文化遗产保护体系。截至 2018 年，国务院已将 134 座城市列为国家历史文化名城。

1985 年，我国正式签署《保护世界文化与自然遗产公约》；1986 年，我国开始向联合国教科文组织申报世界遗产项目；1997 年，平遥古城和丽江古城成为我国首批列入“世界文化遗产”的古城。

但是，北京、西安等历史文化名城不能仅仅作为历史文化遗产的博物馆。作为地区的核心城市，还要承担承接现代产业、带动区域发展、满足居民便捷生活等职能。很多城市

的管理者没有形成对历史文化遗产科学的认识，从而错误地处理历史文化遗产保护与城市发展的关系，从而带来了诸如拆掉真古董，兴建假文物的仿古一条街等畸形的产物。因此，在历史文化名城保护的过程中，还要更加细致地区分不同城市空间的功能职责，从而协调好历史保护和城市发展之间的关系。

四、成熟阶段：增设历史文化保护区

大家可以回想一下，除了我们日常生活常见的单体文物以及知名的历史文化名城，我们旅游时经常见到的就是以街道为单位的历史文化街道了，比如重庆的磁器口、苏州的周庄（见图 7－8）等都是其中的典型代表。这些区域最大的不同不是我们之前介绍的微观的单体建筑或宏观的古城，而是介于两者之间的一个街道或城市中的一个特定区域的空间尺度。这些富含地区历史文化特色的区域是如何产生的呢？

图 7－8　周庄古镇

1996 年“历史街区保护（国际）研讨会”在安徽省黄山市的屯溪召开，该会议上明确提出“历史街区的保护已经成为保护历史文化的重要一环”。1997 年住建部转发《黄山市屯溪老街历史文化保护区管理暂行办法》，明确提出“历史文化保护区”这一概念。对于一些文物古迹比较集中，或能较完整地体现某一历史时期的传统风貌和民族地方特色的街区、建筑群、小镇、村寨等都可以申请成为历史文化保护区。历史文化保护区与单体文物、历史文化名城并列为我国历史文化遗产保护体系中不可或缺的一个层次。

在城市空间范围内，最常见的就是以街道为基础划定的历史文化保护区了，由于它们身处城市内部，最容易受到破坏与侵占，为保护这些城市记忆的集中区域，我国从法制建设和规划管理等方面采取了相应的保护措施。2002 年修订的《文物保护法》中增设了历史文化街区保护制度；2003 年住建部公布了《城市紫线管理办法》，在规划管理中通过划定城市紫线，确定了历史建筑本身与风貌协调区的保护范围，在城市发展与历史文物保护之间划定了“楚河汉界”。2008 年国务院颁布的《历史文化名城名镇名村保护条例》明确规定：历史文化名城、名镇、名村应当整体保护，遵循科学规划、严格保护的原则，保持和延续与其相互依存的传统格局和历史风貌。在保护区范围内，建设活动应当符合保护规划，不得损害文化遗产的真实性和完整性，不得对其传统格局和历史风貌造成破坏性影响。

经过不断的发展，我国已经基本建立了由文物保护、历史文化名城保护、历史文化保护区构成的多层次的历史文化遗产保护体系。

练一练

单项选择题：

根据《历史文化名城名镇名村保护条例》，对历史文化名城、名镇、名村的保护应当（　　）。

A. 整体保护　　B. 重点保护　　C. 分类保护　　D. 异地保护

【解析】答案为 A。2008 年国务院颁发的《历史文化名城名镇名村保护条例》中明确规定，历史文化名城、名镇、名村应当整体保护，保持传统格局、历史风貌和空间尺度，不得改变与其相互依存的自然景观和环境，以确保其整体和谐关系。

知识点 4 城市遗产保护规划的基本方法

学前思考

城市规划是如何在城市遗产保护中发挥作用的？有哪些基本方法？这些方法在城市遗产保护实践中的具体效果如何？

知识重点

一、历史文化名城保护规划

我们在上一个知识点讲过，设立历史文化名城是我国在文化遗产传承保护领域的重要举措，具有鲜明的中国特色和实践意义。作为一个法定的概念，《文物保护法》将历史文化名城定义为“保存文物特别丰富、具有重大历史价值和革命意义的城市”。这一论述较为笼统，在具体的城市规划中如何准确地判断历史文化名城的范围呢？这就需要更加明确的标准和原则。

1986 年国务院批准颁发的《关于公布第二批国家历史文化名城名单报告的通知》中，对历史文化名城的设置等级、定义、审定原则、名城保护规划的主要内容和审批程序等提出了明确的意见。关于历史文化名城的审定原则主要包括：第一，除了具有悠久的城市历史，还要保存有较为丰富完好的文物古迹；第二，城市的现状、格局和风貌应保留着历史特色，并具有代表城市传统风貌的历史街区；第三，文物古迹主要分布在城市市区或郊区，保护和合理使用这些文化遗产对该城市的性质、布局、建设方针有重要影响。在确定了历史文化名城认定原则的基础上，历史文化名城规划就可以发挥其作用了。

历史文化名城保护规划是历史文化名城制度的组成部分，是以保护历史文化名城、协调保护与建设发展为目的，以确定保护的原则、内容和重点，划定保护范围、提出保护措施为主要内容的城市专项规划。下面，我们将详细介绍一下规划重点、规划原则和主要的措施。

（一）历史文化名城的保护内容与规划重点

2005 年颁布的《国家标准历史文化名城保护规划规范》为我国历史文化名城保护规划提供了技术性指导。该规范指出，历史文化名城保护的内容主要有两个方面：（1）在物质空间层面，主要包括历史城区的格局风貌和景观风貌以及与名城历史发展和文化传统形成有联系的自然景观环境，特别是反映名城空间特征和传统风貌的历史地段和建筑群；（2）此非物质文化遗产也是历史文化名城保护的重要内容，包括民间工艺、节庆活动，地方风俗等。

针对历史文化名城保护的主要内容，我们可以确认保护规划的主要内容。这包括：（1）制定历史文化名城的保护原则、保护内容和保护重点；（2）确定合理的历史城区的保护范围，划定历史文化街区的核心保护范围和建设控制地带；（3）制定保持延续古城格局和传统风貌的总体策略与保护措施，提出开发强度和建设控制的相关要求；（4）确认需要保护的传统民居、近代建筑等历史建筑，制定保护规划分期实施的方案；（5）确定对影响名城历史风貌实施整治的重点地段，包括需要整治改造的建筑、街巷和区域等。

（二）城市历史环境的整体保护原则和主要措施

古城的历史环境是一个整体，在历史文化名城的保护规划中，要遵守整体保护原则，不仅要对古城的空间格局进行保护，还要对其周边环境进行保护和控制。

1. 古城空间格局的保护方面

城市规划可以从城市总体发展策略和总体规划空间布局的层面研究确定历史城区保护与城市发展之间的关系，既不能为了保护而放弃发展，也不能只重发展而忽视保护。总的来说，在城市空间布局层面，处理城市发展与城市文化遗产保护关系的方式有两种：一是开辟新区；二是新旧相融并存。苏州新城的建设以及云南丽江新城的开辟就是前一种模式的典型代表，这一模式有利于将城市新的建设需求进行分流引导，减轻业已饱和的历史城区的空间压力，但缺点也很明显，那就是新城建设的投入成本较高，同时不利于旧城的持续发展。对于北京等特大城市而言，很难将旧城的功能完全转移，因此相容并存的发展模式就是必须的选择，在保持城市原有纹理和逻辑基础上，融入现代城市的发展要素和职责功能。

2. 历史城区周边环境的控制

历史城区的周边环境是城市特征和文化形成及发展的基础，改变其原有的周边环境，城市的历史文化价值将大大降低，其特征也会逐渐被磨灭。因此，保护城市外围的环境，特别是自然风景，对保护城市文化遗产具有重要的意义。农田、树木、水域、地形、自然村落等都属于保护规划统筹考虑的对象，规划划定的城市外围环境控制范围内，所有的自然风景要素都不能被破坏，对现有的居民点和相关设施，应控制在原有的建设范围之内，限制其扩大规模。但这也并不意味着必须保持周边环境一成不变，对于那些可以改善自然环境和景观状态的生态型改造工程应予以鼓励。

不论采用哪种方式，保护规划的核心都是要在整体上统筹把握城市发展与保护之间的关系，通过合理的规划与有效的控制和管理来平衡与协调城市的新旧关系。

（三）建筑高度控制与城市紫线

1. 建筑高度控制

在历史文化名城保护规划的众多措施中，我们最常见的就是建筑高度控制，它是保护名城风貌的重要措施。历史文化名城内的传统建筑多为低层房屋，因此要维持这种统一的传统尺度和空间轮廓，必须在保护区范围内制定建筑高度的控制规划。

实行建筑高度控制的目的是对保护对象周边的景观环境进行保护。周边环境与古城本身具有视觉上的关联性，对风貌完整的历史文化名城实施整体高度控制，有利于保持古城的景观特征和独特魅力，避免在古城内出现视觉环境污染，有利于保持历史文化名城合理的空间尺度和整体景观。

历史城区建筑高度控制的确定首先应根据保护规划的总体要求以及古城的现状情况，形成总体的高度控制要求；再通过视线分析，划出相应的建筑高度控制区；最后将总体原则与具体区域的高度要求相结合，并参照地形地貌以及其他建设开发方面的控制要求，从而形成最终的历史城区的建筑高度控制规定。

值得注意的是，高度控制除了规定建筑檐口高度外，还规定了建筑或构筑物的总高度，包括屋顶上的水箱等附属设施。

2. 城市紫线

在之前的课程中，我们已经了解了作为城市道路控制线的城市红线，而今天我们要介绍的城市紫线是城市规划领域保护历史文化街区和历史建筑的重要措施。城市紫线是指国家历史文化名城内的历史文化街区和省、自治区、直辖市人民政府公布的历史文化街区的保护范围界线，以及历史文化街区外经县级以上人民政府公布保护的历史建筑的保护范围界线。国家历史文化名城的城市紫线在编制历史文化名城保护规划时划定，其他城市的城市紫线在编制城市总体规划时划定。

城市紫线范围内禁止对历史文化街区传统格局和风貌构成影响的大面积改建和大面积拆除、开发，禁止修建破坏历史文化传统风貌的建筑物、构筑物和其他设施，禁止占用或者破坏保护规划确定保留的园林绿地、河湖水系、道路和古树名木等。

在城市紫线范围内确定各类建设项目，必须先由市、县人民政府城乡规划行政主管部门依据保护规划进行审查，组织专家论证并进行公示后核发选址意见书。在城市紫线范围内进行建设活动，涉及文物保护单位的，应当符合国家有关文物保护的法律、法规的规定。

二、历史文化街区保护规划

2002年修订《文物保护法》时采用了“历史文化街区”这一专有名词，“历史文化保护区”“历史街区”等名词被逐步取代。作为我国历史文化遗产保护的重要层面，历史文化街区的宝贵之处便是其保存着真实的历史信息，并以保存有一定数量和比重的历史建筑为基本特征，这些历史建筑是构成历史文化街区整体风貌的主体要素。历史文化街区内的历史建筑和历史环境要素可以是不同时代的，但必须是真实的历史实物，而不能是重建或仿造的建筑。因此，近年来常见的仿古一条街从根本上来说都是出于经济目的而非文物保护的目标兴建的，如果这些仿古建筑是在历史文化街区范围内修建的，那就是对历史文化街区的一种破坏性建设。

历史文化街区的范围划定应遵循以下几个原则：一是保护历史的真实性，尽可能多地保存真实的历史信息，可以对历史建筑进行维护修缮，但不能因为破旧等原因随意拆除真实建筑或将仿古造假当成保护的手段；二是维护保存完整的风貌环境，不仅包括建筑物，还包括街巷、古树、小桥、河流等构成风貌环境的各类要素；三是保持生活的延续性，不能为了保护就强制打断正常的居住生活，而是尽量改善居住条件，尽可能维持原有的居住等功能，从而保护该区域风俗习惯、生活方式等无形的文化遗产。

历史文化街区的保护内容主要包括历史建筑、街巷格局、空间肌理以及景观界面三个方面的内容。在历史建筑的保护方面，应当注意结合居民生活的改善来进行，以保持地段的生活活力。在街巷格局的保护方面，一般情况下，历史文化街区的街巷形态不应改变，同时历史文化街区街巷的功能应该在原有的主体功能的基础上予以扩展，历史文化街区街巷的尺度界面和空间指标物应该予以保持和保留。在历史文化街区的空间肌理及景观界面的保护方面，对于传统的空间肌理应该予以保持，重要的开放空间和特有的景观界面应该予以保护。

历史文化街区的整治是近年来保护工作的重点和难点。历史文化街区整治规划一般包括景观环境的整合，基础设施的改造，居住环境的改善，地段功能的定位和地段交通的重组等方面的内容。在对历史文化街区进行综合整治时，我们首先要明确一点，那就是历史文化街区的整治工程应采取逐步整治的方式，切忌大拆大建。历史文化街区中的传统建筑，不必像普通的文物保护单位那样，一切维持原状，其外观可以按历史面貌进行保护修整，内部则可以按现代生活的需要进行更新改造。对于那些有悖于历史风貌的后世建筑可以适当改造以恢复原有的历史风格。值得注意的是，在文化街区的整治工程中，应注重完善地区的基础设施，改善区域的居住条件，有生机的街区才能真正得以保存。

三、历史建筑的保护利用

各具特色的历史建筑是城市记忆的重要载体。2008年施行的《历史文化名城名镇名村保护条例》中明确要求保护“具有一定保护价值，能够反映历史风貌和地方特色”的历史建筑，具体措施包括：确立并公布历史建筑清单，对历史建筑设置保护标志，建立档案；

历史建筑的所有权人负责历史建筑的维护和修缮，政府可以给予补助；历史建筑有损坏危险，所有权人不具备维护和修缮能力的，当地政府应当采取措施进行保护；对历史建筑原则上实施原址保护，必须实行异地保护或者拆除的，应由保护主管部门会同文物主管部门批准；对历史建筑进行外部修缮装饰、添加设施以及改变建筑结构或使用性质的，须经城乡规划主管部门会同文物主管部门批准。

对于历史建筑物的利用，应坚持保护与利用相结合，尽可能保持其原有功能，同时还应与复苏历史建筑及其所在地区的社会生活相结合。在严格保护与控制的前提下，对历史文物建筑可以进行合理的利用。这种利用可以分为两种：一种是常见的保持原有的用途；另一种是改变原有的用途，比如将历史建筑改造为博物馆、学校图书馆等，或者作为旅游设施和城市的地标性建筑来使用。

练一练

多项选择题：

历史文化名城保护规划的内容包括（　　）。

A. 保护原则、保护内容和保护范围

B. 对已不存在的文物古迹应予重建

C. 在划定的历史文化保护区内应多建一些仿古建筑

D. 传统格局和历史风貌保护要求

【解析】答案为 A、D。历史文化名城、名镇、名村应当保持和延续与其相互依存的传统格局和历史风貌，在保护区范围内，建设活动应当符合保护规划，不得损害文化遗产的真实性和完整性，不得对其传统格局和历史风貌造成破坏性影响，因此 A、D 正确。重建已不存在的文物古迹以及兴建仿古建筑实际上会对历史文化名城传统格局和历史风貌带来“建设性”的破坏作用，不属于历史文化名城保护规划的内容。

知识点 5 从城市更新走向城市复兴

学前思考

大家生活的城市中有没有老城区？它们是什么样子的？老城区存在哪些问题？城市更新是如何实现的？如何通过城市更新实现城市的复兴？

知识重点

一、城市更新的产生

城市的发展有两个方向，新城的建设、开发区的产生，这是城市扩张的表现，除此之外，城市的发展还包括城市内部的系统更新，通过改造升级，产生高品质的城市空间来实现城市更高水平的发展。

城市不能无限制地扩张，无论是出于粮食安全还是生态保护，我们都要控制好城市的扩张规模，近年来，随着城市扩张的放缓，伴随着产业升级的需要，城市更新越来越成为城市未来的发展方向。

简单来说，城市更新就是在城市中已经不适应现代社会生活的区域做必要的、有计划的改建活动。西方国家的城市更新起源于第二次世界大战后对不良社区的改造，随后逐渐扩展至对城市其他功能区的改造，并逐渐将重点落在废弃的码头、仓储区和旧厂房等城市中土地使用功能需要转换的地区。

1958 年，在荷兰召开的第一次城市更新研讨会上，对城市更新的概念描述为：生活在城市中的人，对于自己所居住的建筑、周围的环境和购物、娱乐及其他生活活动产生了各种不同的期望和不满，对自己所居住的房屋等进行修理改造，对街道、公园、绿地和不良住宅进行改善，以及为追求更加舒适便捷的城市环境而做的所有努力都是城市更新。

混乱的治安状况、老化的建筑物、公共服务设施的缺乏、恶劣的卫生环境等都是我们常见的城市问题，这些问题集中产生的区域便是城市更新重点关注的地区。近年来城市快速扩张的经验已经告诉我们，通过扩张来解决城市问题是一条行不通的道路，因为城市的扩张恰恰是城市问题产生的原因，因此，如果不及时进行城市更新，会导致城市生活、生产环境持续恶化，这不但会拉低当地居民的生活水平，也会损害城市形象，从而导致对城市发展所需的人才和产业的吸引力减弱，城市竞争力的整体下降。

二、城市更新的方式

城市更新是一种目的导向的活动，城市问题出现的地方，就是城市需要更新的地方，解决城市中影响甚至阻碍城市发展的城市问题就是城市更新的根本目的。城市问题多种多样，在纷繁的城市问题中，如何通过城市更新来解决这些问题呢？我们先从城市更新的方式讲起。

城市更新的方式可以分为再开发、整治改善、保护三种类型。再开发是将城市土地上的建筑予以拆除并根据城市新的发展需求对土地进行新的合理使用；整治改善则是对原有建筑的全部或一部分予以改造或进行设施更新，使其能够适应新的功能需要；保护是对那些能继续使用的建筑，通过修缮改造等活动保持或改善现有的状况。

（一）再开发

再开发也可以称为重建，其对象是那些建筑物、公共服务设施等全面恶化的地区，在这些地区，简单的整治改造无法恢复居民的生活品质和新的功能需求，放任不理则会阻碍正常的经济活动和城市的进一步发展，因此，必须拆除原有的建筑物，并针对整个地区重新考虑合理的规划方案，重新设计区域的空间布局、建筑物的用途以及开发建设的合理规模，设置或保留合理的公共活动空间，拓宽街道，新建停车、绿化等公共服务设施，美化城市空间景观。重建是一种最为彻底的更新方式，但这种方式会给城市的空间环境和传统景观带来巨大的改变，会彻底改变原有的社会结构和社会网络，这种改变可能不利于历史文化遗产的保护，同时，其高额的投资、较长的建设周期也带来了更高的风险成本，因而只有在确定没有其他可行的更新方法时才可使用。图 7－9 可见其中的对比。

图 7－9　广州猎德村改造前后对比

（二）整治改善

整治改善是在那些建筑物和其他市政设施尚可使用，但由于缺乏维护而产生设施老化、建筑破损、环境不佳等问题的地区，对部分建筑物、公共设施采取改建、整修等措施，从而提高区域整体环境质量，满足新的发展需求的活动。相对于重建来说，整治改善所需要的时间较短，居民安置、方案协调等方面的压力较小，投入资金也比较少，因而适用于那些需要进行城市更新，但无须重建的地区。整治改善的目的不仅仅是为了防止城市或区域的继续衰败，更是为了全面改善旧城地区的生活居住环境。

（三）保护

保护适用于历史建筑和环境状况仍然保持良好的地区，保护是社会结构变动最小、耗费最低的更新方式，同时也是一种预防性的措施。它特别适用于历史文化名城、历史文化街道和历史建筑等方面的更新。外部环境是其关注的重点，保护和延续地区居民的生活是其重要的目标。所以要注重保护好历史城区的传统风貌和整体环境，保留真实的历史遗存，同时还要鼓励居民积极参与建设和改善地区内的基础设施，为历史文化保护区域带来现代化生活的便捷，从而激发区域的生机和活力。保护除了可以对物质形态环境进行改善之外，还可以通过限制建筑密度、人口密度以及规定建筑物用途等措施，实现环境的改善和城市的更新。

三、城市更新中存在的问题

在城市更新的过程中，我们也在不断积累经验。城市化启动早、城市化水平高的发达国家为我们提供了较好的参考样板。第二次世界大战后，欧美一些国家的城市都曾经历过城市更新，在其城市更新的过程中发现，传统大规模的城市更新改造模式由于缺少弹性和选择性，结果是城市更新不但未能取得预期的效果，反而使许多历史城市或历史地区遭受了破坏。采取什么样的更新改造规划政策，并非仅仅关系到城市历史文化的保护，还会影响到城市社会经济的全面发展。

（1）大规模清除“平民区”，代之以毫无特色的国际式的高楼建筑，是早期西方发达国家城市更新的主要路径，在实践的过程中发现，这一更新方式不仅破坏了原有的街区风貌及邻里之间的和睦社区关系，还导致了高强度的开发、更大的建筑容量和项目规模，从而给城市交通和生态环境带来了更大的压力。在解决城市问题的同时，也给城市带来了新的问题。

（2）旧城更新方面，西方国家主要通过强化中心区的土地利用来实现，通过建立市场化的地价机制，为承接金融保险、大型商业设施、高级写字楼等更高产值的产业提供了条件。但是这种更新方式将原有居民住宅和混杂其中的中小型商业活动都排斥到城市的其他地区，对城市的多样性产生了一定的破坏。

（3）在中心城区的复兴尚未取得明显成效的同时，城市改造却在很大程度上违背城市政策的初衷，由于缺少公众参与和相关程序保障，城市更新政策的执行容易引发社会冲突，加剧城市与郊区之间的发展差距，导致社会不同收入阶层之间在居住上的隔离，从而带来社会不公平现象。

四、走向城市复兴

郊区化是城市化进程的产物，由于中心城区环境的拥挤、设施的老化等原因，人口、产业、公共服务不断向城市郊区发展，在此背景下中心城区的吸引力不断下降、人口和就业不断外迁，造成了城市空间上的资源浪费。城市复兴的概念便是在这一背景下提出的。《牛津词典》将城市复兴定义为：城市复兴是为一个地区、工业或机构带来新的活力，或者发展新的组织。

城市复兴旨在重新恢复衰落地区的吸引力和活力。城市复兴可以看作是城市政府通过干预来扭转市场无法阻止的城市退化，同时也强调城市复兴在地区环境塑造中的重要性，使地区对居民和投资者更具吸引力。城市复兴政策的目标就是为城市中心区或旧区注入新的活力，发展能够为治愈城市创伤的新的社会政治或经济组织。

城市复兴目标包括：通过解决经济增长中的障碍、减少失业率，使社区和居民从依赖转变为相对独立，从而保持长期的稳定；改善生活居住环境，使之对居民和投资者更具吸引力，从而促进地区商业的繁荣；通过打破贫困的怪圈，激发贫困地区人们的潜力，提高地区居民参与地区决策的积极性和可能性；通过城市复兴带来的经济机遇，推进经济的发展；实行有助于提高人们居住满意度和更加宏大的政府目标的永续发展。

为实现城市的复兴，需要为城市居民创造更多的参与机会，创建更多平等的社区。而在西方国家城市复兴的过程中，最常采用的一种方式便是参与式的、自下而上的更新方式，社区规划或者社区开发正成为许多城市旧区规划的关注重点。

伴随着城市产业的升级和转型，工业遗产集中区、城市滨水区、码头仓储区、铁路站场区等也将成为城市复兴规划必须重点考虑的区域。一个好的城市复兴规划，需要城市市民、政府机构、企业、专业人士等各种社会力量的共同努力，并针对规划政策、城市设计、改造项目等相关环节共同用力，才能真正实现城市的复兴。

练一练

单项选择题：

以下哪些措施属于城市更新的范畴？（　　）

A. 对建筑物等硬件进行改造

B. 城市中土地使用功能进行转换

C. 对城市区域生态环境进行整治

D. 改善社会网络结构等文化环境

【解析】答案为 A、B、C、D。城市更新的目的是对城市中某一衰落的区域进行拆迁、改造、投资和建设，以全新的城市功能替换功能性衰败的物质空间，使之重新发展和繁荣。它包括两方面的内容：一方面是对建筑物等客观实体进行改造；另一方面是对各种生态环境、空间环境、文化环境、视觉环境、游憩环境等的改造与延续，包括邻里的社会网络结构、心理定式、情感依恋等方面的延续与更新。

参考文献

[1] 陈志华 . 文物建筑保护文集 [M]. 南昌：江西教育出版社，2008.

[2] 唐鸣镝 . 历史文化名城旅游协同思考——基于“历史性城镇景观”视角 [J]. 城市规划，2015，39(2): 99-105.

[3] 王景慧 . 城市历史文化遗产保护的政策与规划 [J]. 城市规划，2004(10): 68-73.

[4] 王景慧，阮仪三，王林 . 历史文化名城保护理论与规划 [M]. 上海：同济大学出版社，1999.

[5] 张更立 . 走向三方合作的伙伴关系：西方城市更新政策的演变及其对中国的启示 [J]. 城市发展研究，2004(4): 26-32.

[6] 张松 . 历史城市保护学导论 [M]. 2 版 . 上海：同济大学出版社，2008.

第八单元

城市规划管理

Unit

学习导引

本单元主要讲解城市规划管理的基本知识，首先从城市规划管理的基本概念入手，回顾中国地方规划管理机构的演变；再介绍城市规划管理的主体、客体、目标、职能和手段，学习规划管理的构成要素；最后详细介绍城市规划管理的三大类工作内容。通过本单元的学习，同学们能够对城市规划管理形成初步的认识，了解城市规划管理部门的日常职责和办事流程，无论今后是否从事城市规划工作，这些知识都是非常有用的。

学习目标

学完本单元内容之后，你能够：

（1）理解城市规划管理的基本概念与性质特征；

（2）掌握城市规划管理行为的构成要素；

（3）熟悉我国城市规划管理的工作内容。

知识结构图

本单元内容的整体框架主要包含三部分内容（见图 8－1）：城市规划管理的概念、性质与特征，城市规划管理行为的构成要素、城市规划管理的工作内容。我们需要在理解城市规划管理的基本概念、性质与特征的基础上，掌握城市规划管理行为的构成要素，并熟悉我国城市规划管理的工作内容。

城市规划管理的概念、性质与特征  城市规划管理行为的构成要素  城市规划管理的工作内容

图 8-1　知识结构图

该知识结构图向大家清晰展示了本单元将要学习的内容，接下来将依据这个框架展开各个知识点的学习。同学们需要在理解城市规划管理性质的基础上，厘清城市规划管理行为构成的五大要素，熟记城市规划管理的三个工作内容，并能够记住不同工作内容的特点。

知识点 1 城市规划管理的概念、性质与特征

学前思考

“三分规划、七分管理”，这是在规划界广为流传的一句话，也反映了城市规划管理在规划工作中的重要作用。那么什么是城市规划管理？为什么要管？怎么管？谁来管？管理的对象是谁？这些问题都将在本知识点中得到回答。

知识重点

一、城市规划管理的概念

从工作领域的属性看，城市规划管理是行政管理的一个工作领域，属于行政管理范畴。管理是社会组织为了实现预期目标，以人为中心进行协调的过程。行政管理是国家机关和其他行政组织，依据国家法律和运用国家法定的权力，为实现国家的社会目标和统治阶级的利益对社会事务进行一系列的组织和管理。

《城市规划基本术语标准》（GB/T50280-98）对城市规划管理的解释是：城市规划是“城市规划编制、审批和实施等管理工作的统称”。这概括说明了城市规划管理包括城市规划编制管理、实施管理和监督管理。中国城市规划管理中这三类管理发展并不平衡，其中，规划的编制管理更加完善，而实施管理和监督管理则起步较晚。

如图 8－2 所示，城市规划的编制管理在新中国成立初期已经存在，并贯穿中国城市发展的全过程；规划实施管理伴随着市场经济一同出现；规划监督管理出现最晚，在市场经济发展的中后期发展起来。

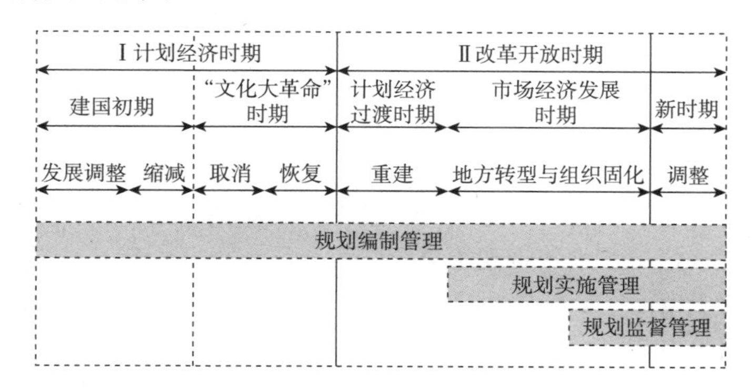

图 8－2　中国城市规划发展的历史分期图

资料来源：本图的时期划分部分借鉴李浩．论新中国城市规划发展的历史分期．城市规划，2016(4): 20-26.

城市规划管理是一项行政管理工作。目标是促进城市经济、社会、环境的全面、协调和可持续发展。核心是依法管理，其工作领域主要是对城市规划区的空间用途进行管制。

二、城市规划管理的性质

任何管理都具有双重属性，城市规划管理同样具有社会属性和自然属性。社会属性强调对“人”的管理，城市规划管理反映社会制度，不同社会制度背景下规划管理的方式和结果不尽相同，如房地产改革、土地使用制度、住房改革制度等。同时，社会属性也体现在城市规划管理能够映射城市的政体，例如北京市的“绿通项目”。“绿通项目”是北京市政府提供绿色通道的重大投资项目，特点是投资规模大、档次高、影响力大，并且投资主体以民营企业为主，投资领域多元化。

自然属性强调对“物”的管理。城市规划管理是城市建设活动的客观需要。“一个单独的提琴手是自己指挥自己，一个乐队就需要一个乐队指挥。”城市规划管理是建设活动的前提，也是保障建设活动正常进行的依据。同时，由于城市规划管理配置空间、土地等资源要素对于城市的经济、社会发展起着重要作用，一定程度上是城市的生产力，因此城市规划管理应该做到优化资源配置。这都要求城市规划管理对“物”进行管理，从大的方面来说，安排城市资源要素，从小的方面来说，满足建筑物住宅的采光要求、控制调整道路转弯半径等。

三、城市规划管理的特征

（一）综合性

城市复杂性和相互关联性决定城市规划管理的综合性。城市规划管理与城市政府其他方面的行政管理密不可分，例如土地管理、环境保护、交通管理、文物保护、公共卫生管理和绿化管理等。例如北京市《绿化隔离地区有关政府问题的会议纪要 2001》体现了城市规划管理的综合性。会议研究讨论绿化隔离地区征地的有关问题，参加单位有市规划委员会、市计划委员会、市国土资源和房屋管理局、市规划院、绿指办、朝阳区、丰台区和石景山区规划分局。仅一个征地问题，需要城市政府这么多部门共同协调商议，足以见得城市规划管理内容的综合性。

（二）科学性

由于受到社会、经济发展水平和自然地理条件的诸多限制，加上城市建设多样性涉及社会、经济、工程、建筑、生态景观等多重学科，城市规划管理必须具有科学性。同时，城市转型时期的特点也促使了科学性的形成。第一，计划经济向市场经济转型，主体日益多元化，城市发展动力改变；第二，城市功能由生产向综合服务功能转变；第三，城市社会结构由传统的城乡二元结构逐步转变为城市乡村的双重二元结构，城市内部和乡村内部的差异都凸显出来。城市规划管理只有遵守科学、遵循城市发展的规律，才能保障城市可持续的发展。

（三）法制性

依法行政决定了法制性。城市规划管理需要遵循的“法”分为四个层级。第一层是宪法和法律，第二层是国家行政部门规定的法规（规章、条例）和技术规范，以及省、自治区、直辖市人民政府颁布的法规，第三层是省、自治区、直辖市城市规划主管部门颁布的法规，第四层是市、县人民政府颁布的法规和法定规划（总体规划、控制性详细规划）。下一层级颁布的法律法规不能和上一层级冲突。这里的“法”指的是“社会公共利益相关内容固定”。城市规划管理需要平衡各方利益关系，在市场经济条件下意味着调解各方经济利益，只有通过法定形式进行调整才能奏效。例如城市规划管理解决日照纠纷问题，要按照规定判断，不一定遮挡了阳光就要对住户进行赔偿。

（四）服务性

城市规划管理应当具有服务性，目前来看还需要提高服务意识。《宪法》规定我国只有人民才是国家和社会的主人，一切权利属于人民，一切从人民利益出发，这是我国行政管理的核心内容和根本准则。因此，城市规划管理应当从管理型向服务型转变。例如，在长三角城市竞争激烈的背景下，常州开发区设立工业项目审批快速通道，改“衙门式”为“窗口式”服务。

（五）政策性

城市规划管理作为一项政府职能，要体现政府对于社会、经济和环境发展的意图。根据城市社会、经济和环境发展的动态变化，政府需要制定相关政策加以指导。比如在经济状况好的时候，开发商催促规划部门进行审批，以避免高额的时间成本，经济状况差的时候反而是规划部门询问开发商是否需要审批。在这里，还要注意区分阶段性政策和长期政策，短期政策需要服从于长期政策。同时，应当充分意识到城市规划管理是在规划管理者和管理对象之间不断互动、交流、博弈的动态过程。

（六）地方性

城市规划管理具有明显的地方特征。首先，城市社会、经济发展具有不平衡性。比如各个城市机动车停车位的差异与市民用车数量以及停车位指标相关。其次，历史文化名城和新兴城市的规划管理各有不同，存在重点差异和手段差异。最后，地方气候差异性也使得城市规划管理需要因地制宜，南北日照间距的区别恰恰反映了这一点——北方城市的日照间距系数在 1.2~1.3，南方城市在 0.9~1.0。

知识点 2 城市规划管理行为的构成要素

学前思考

了解了城市规划管理的概念、性质与特征之后，接下来要学习城市规划管理行为的构成要素。管理行为的产生一定伴随着管理的主体和客体，那么城市规划管理中的主体和客体分别是什么？我国城市规划的管理机构有哪些？管理者的知识结构背景又是什么样的呢？带着这些问题，我们开始下面的学习。

知识重点

一、城市规划管理的主体

管理主体是管理活动的决定要素。在城市规划管理工作中，管理主体包括管理者和由其组成的管理机构。

我国的规划管理机构由两部分组成，全国的城市规划工作由国务院城市规划管理主管部门主管，县级以上地方人民政府城市规划行政主管部门主管本行政区域内的城市规划工作。例如，在国家层面，城市规划管理的主管部门是住建部，在省和自治区是住建厅，直辖市称为市规划局（规划委员会），往下到市一级，设立市规划局（建委或建设局），最低层级的主管部门则为区、县的规划分局。

那么新中国成立近 70 年来，中国城市规划管理组织结构形成和变迁的轨迹及其制度环境是什么？中国城市规划管理者角色和技能随着外部环境的变迁发生了何种变化？基于以上问题，首先可以将规划管理发展分为改革开放之前和之后两个阶段，比较在此期间中央和地方政府规划管理机构和管理者的变迁。

新中国成立初期，基于中央政府对于城市建设和规划工作的重要性认识和建立计划经济体系的要求，中央政府的城市规划管理结构和人员快速扩张，逐渐由建筑工程部下属的城市建设管理局成为直接隶属政务院的城市建设部。之后由于受社会上“大跃进”整体思潮的影响，在“青岛会议”和“桂林会议”上，规划领域也脱离科学性提出“快速规划”和“城市建设的大跃进”，许多地方政府开始盲目扩张城市。由于城市“大跃进”的失败，规划机构也成为主要批判对象，甚至有领导人提出“三年不搞城市规划”的口号，规划机构和人员不断压缩，隶属部门也先后调整至国家基本建设委员会、计划委员会和经济委员会。此后，虽然又调整至国家基本建设委员会，但人员已压缩至不足原来的十分之一，并在 1966 年被撤销。新中国成立初期的中央政府城市规划的主要管理者，虽然没有接受过系统的城市规划专业教育，但是任职之前都具有丰富的组织工作经验，担任过重要城市的市委书记、副书记或者主政西南工业和经济的负责人，具有较强的概念技能和人际交往技能，而在任职之后也会调至其他部门，甚至成为党和国家的主要领导者。

改革开放之后，城市规划管理机构的专业性大大增强。在中央政府中，虽历经多次行政改革，城乡规划管理职能一直设在住建部体系（建设部、城乡建设和环境保护部），而其管理者也基本上都毕业于国内一流的城市规划院校，接受过系统的专业教育。但是在概念技能和人际技能方面并未超越新中国成立初期的规划管理者，工作经历主要集中于住建部体系及其下属事业机构，而较少具有在中央其他部门和地方政府的任职经历。具体的规划管理组织结构变迁如图 8－3 所示。

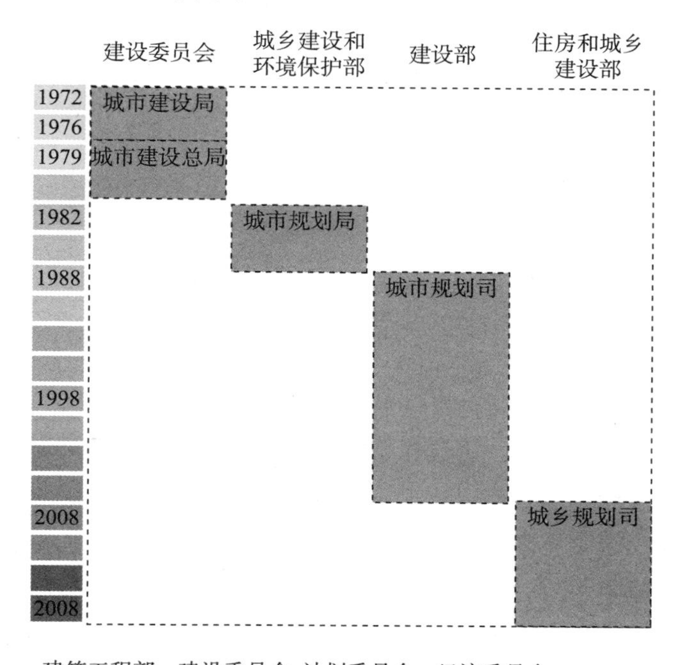

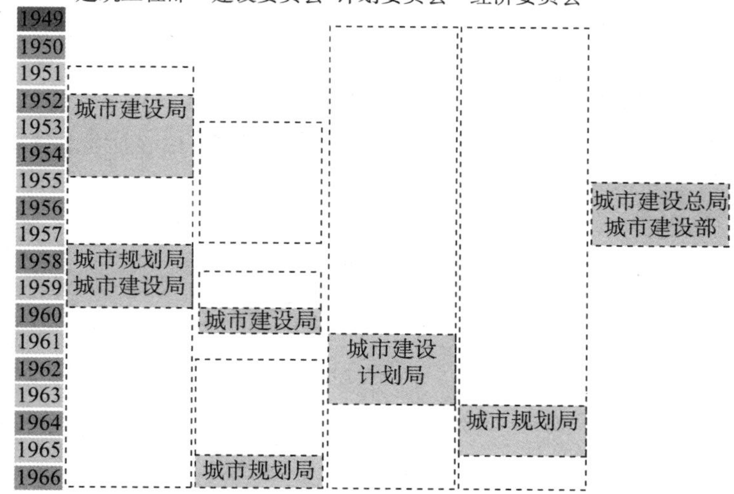

图 8－3　中国城市规划管理组织结构发展分期图

地方建立规划管理机构有这样的规律：地级以上城市逐步将规划管理职能从原有的城市建设管理机构中剥离，成立了独立的规划管理机构，如××市规划局、城乡规划局、规划管理局等。部分城市将规划与国土、测绘、房管等部门合并成为规划与国土资源管理局，这样做的城市有北京、上海、广州、深圳、沈阳等。只有极少数城市仍将规划隶属于建设管理部门，如惠州市住房和城乡规划建设局。

图 8－4 反映了中国 28 个副省级和省会城市、64 个其他地级城市规划管理机构的设置情况。可以看出，不同城市规划管理部门之间学习、交流频繁，地方政府规划管理机构的专业性增强。大部分地级以上城市都已建有独立的规划局，而且普遍实现了“垂直化”管理，区县一级的规划管理机构都直接隶属于市级规划管理部门。

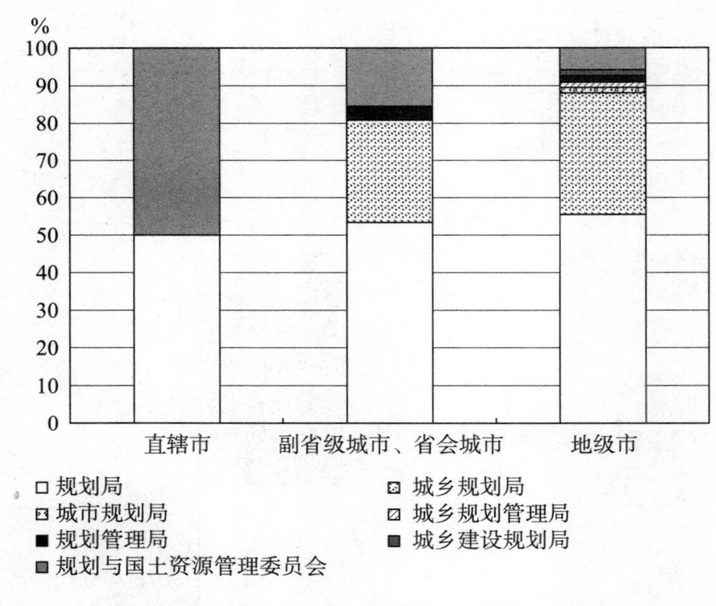

图 8－4　中国地级以上城市规划管理部门比较图

作为城市规划管理知识的学习者，未来同学们有机会进入规划管理部门成为规划管理者，因此在选择专业知识的学习时，可以考虑以下类别：城市规划、城市规划相关专业（建筑学、地理学、风景园林）、市政工程学和部分社会学科。

此外，根据调查问卷结果，超过半数的规划管理人员都毕业于城市规划专业以及与城市规划相关的建筑学、地理学、风景园林专业（见图 8－5），而规划管理部门负责人中，这一比例更高，接近四分之三（见图 8－6）。规划管理人员的专业背景随经济发展水平、城市规模增加并无明显规律性，但是教育水平仍存在较大差异。（见图 8－7、图 8－8）。

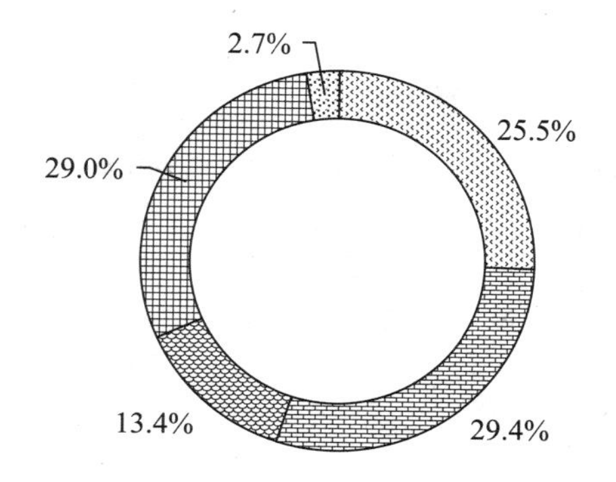

⊡城市规划专业 ⊟相关专业 ⊠市政工程 ⊞社会科学 ⊡环境专业

图 8-5 中国城市规划管理工作人员专业背景环形图

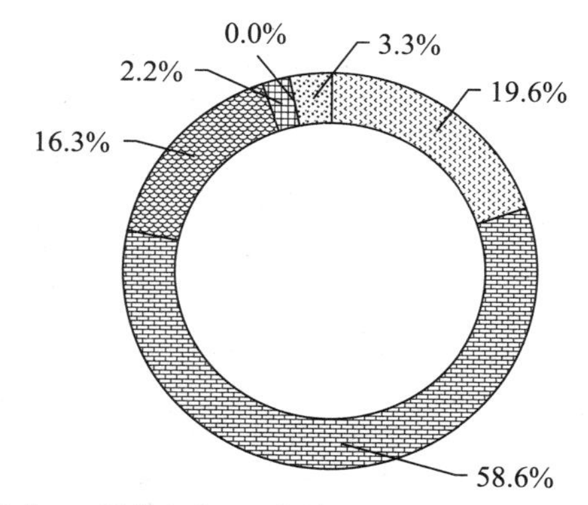

⊡城市规划专业 ⊟相关专业 ⊠市政工程 ⊞社会科学 ⊡环境专业 ⊠其他

图 8-6 中国城市规划管理部门负责人专业背景环形图

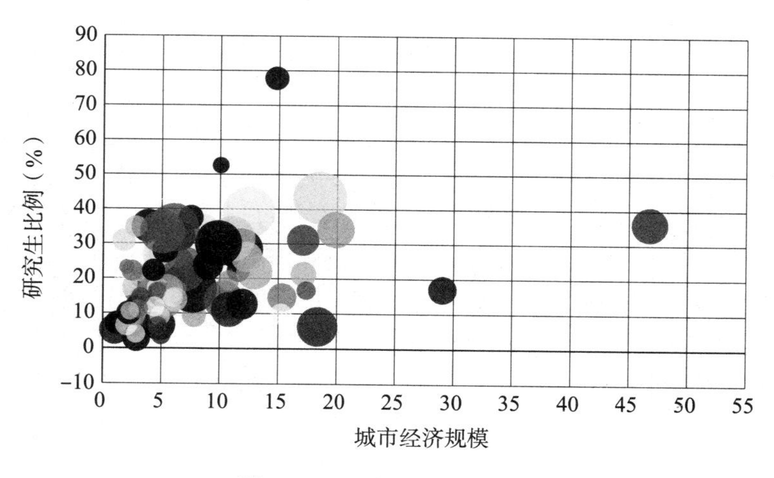

图 8-7 研究生比例气泡图

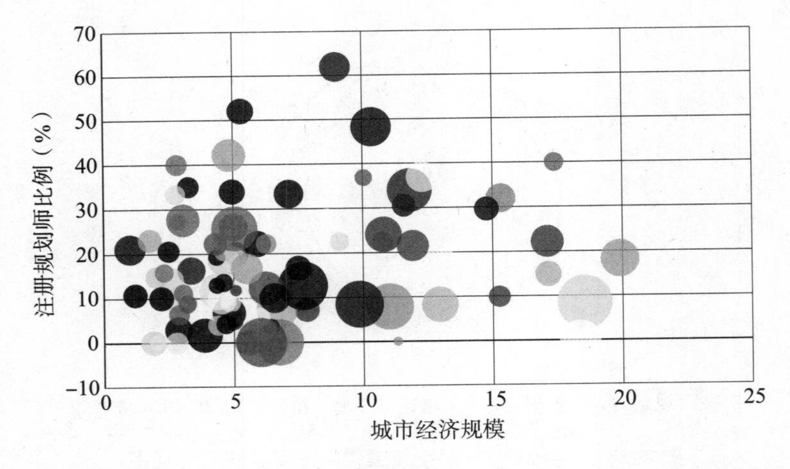

图 8－8　注册规划师比例气泡图

资料来源：图 8－4 至图 8－8 数据均基于中国城市规划学会、住房和城乡建设部稽查办、城乡规划实施学术委员会进行的地方规划管理部门调查问卷，包含 28 个副省级和省会城市、64 个其他地级城市。

二、城市规划管理的客体

管理客体也可以称为管理的对象，是能够被一定管理主体影响和控制的客观事物。城市规划管理工作包括依法制定城市规划，或依法对城市规划区内土地利用和建设活动进行管理，管理的对象有空间与土地、人。

城市规划是一定时期城市未来空间发展的计划，其内容是统筹安排城市发展的空间资源、土地资源和其他相关要素。所以城市规划管理的客体，无论是编制管理还是实施管理，说到底就是城市规划区域内有关土地使用和空间利用等各项建设活动。在管理活动中需要审核城市规划图纸和建设工程图纸，前者是远期安排，后者是近期建设，前者空间范围较大，后者具体到某一地块或局部系统。

作为管理客体的人，主要是城市规划组织编制单位和建设单位的代表者。从地位上来看，管理客体人是被管理者，具有服从性，但并不完全处于被动的地位，比如城市的组织建设者就是开发商(管理客体人)。管理客体人的存在是计划经济转向市场经济的客观要求，是城市规划管理信息的接受者、传递者，最终也是管理决策的实施者。管理客体的人具有以下特性：个性、社会性和能动性。规划管理客体的个性体现在工作态度和对管理信息的接受程度，需要城市规划管理者正确合理地利用和控制；社会性表现在其反映本单位的利益，并且能够与主体进行交往，形成社会关系，还具有社会需要，希望获得他人的尊重和荣誉感；能动性则来源于客体对要求合理性的判断。

三、城市规划管理的目标

管理是一种有目的的活动。但目的不具有操作性，因此在管理活动中需要将其具体化，变为可掌握、可操作的事务，这就是目的向管理目标的转化。城市规划管理是系统的管理，具有不同层次的工作系统，各个系统的管理目标就是规划管理系统目标的分解目标，需要将系统目标分解转化为管理人员的实际行动，才能实现城市规划管理的总目标。因此，我们需要了解系统目标究竟是什么，为什么一定要分解系统目标，如何分解系统目标。

城市规划管理系统目标即管理总目标：保障城市规划和建设法律法规的实施，保障城市综合功能的发挥，保障城市各项建设纳入城市规划的轨道和保障公共利益。城市规划管理首先要实现依法治国，一方面这是《宪法》的要求，另一方面也是对公众根本利益的保障；其次要完善和拓展城市功能，即发展城市功能的综合性，满足居住者的需求；再次，城市规划管理不仅要将城市规划具体化（规划编制管理），还要实施并完善规划（规划实施管理、规划监督管理），与城市规划密不可分；最后，城市规划管理需要做到近期和远期的统一，体现经济效益、社会效益和环境效益的统一，具有公正性、效益型和民主性，管理是为了公共利益。

管理目标分解的必要性有两点。一是基于系统管理的角度，完成城市规划管理的总目标需要通过分目标来落实。二是基于管理主体的复杂性，城市规划管理必须由多个部门、多个层次协作完成。因此，需要将总目标进行分解、完成。目标分解的手段有层次分解、过程分解和子目标间协调。层次分解可以理解为一种链式的结构，即下一级目标是实现上一级目标的手段，近期目标是实现长期目标的手段。分层次设定目标是成功的关键，正如日本有一位著名的马拉松选手，他取得好成绩的秘诀在于把几十公里的赛程分解成一个个小段，每一段距离寻找一个标志物并将其设置成阶段的目标，当完成所有目标之后，比赛也就完成了。过程分解则强调城市规划管理总目标从全部到局部、从抽象到具象、从模糊到精确的过程，与层次分解每一步都是具体可操作的方式不同，过程分解的目标逐渐变得清晰具体。子目标协调则是上级领导者在目标分解的过程中需要特别注意的细节，即防止各个目标之间形成冲突，及时纠正子目标方向，为更好地实现总目标服务。

四、城市规划管理的职能

城市规划管理职能是城市规划管理活动的构成要素，是决定管理活动成败的关键。城市规划管理的主要职能是决策、控制、协调和引导。

城市规划管理的控制指的是规划管理部门及管理者综合有关管理信息，根据管理依据对管理客体进行监督，及时指出问题，促使其朝着目标方向运动的过程。控制过程包括确立标准、衡量成效和纠正偏差。标准是衡量实际结果与管理目标是否匹配的直尺，通过定性或者定量的手段，能够将管理目标具体化。控制的标准主要包括城市规划标准、法治标准和政策标准三类。衡量成效是将实际结果与标准进行比较，以便得到偏差信息。纠正偏差则是控制的最后一步，针对偏差寻找原因，并及时控制、纠正管理者行为，为实现管理目标努力。

控制的类型按照不同的要素分类有不同的结果。比如按照控制对象，大至城市总体规划的实施，小到某个建设工程项目，分为宏观、中观和微观。按照规划的编制、审核和结果监控，分为事前、事中和事后控制。按照控制方式分为程序和实体。程序指的是为了实现管理目标而采取的一系列管理措施，在城市规划管理中体现为管理手续。

城市规划管理的协调是指规划管理部门或者管理领导者、管理人员，针对管理活动中出现的问题，组织相关方面进行协商调解、取得共识，最终步调一致地实现管理目标的行为。按照协调的内容，协调可分为工作协调和人际关系协调。协调的原则主要有以下几点：目标统一、重点选择、利益统筹和求同存异。协调的类型按照范围、方式可以有不同的分类：按照协调范围分为内部协调和外部协调；按照协调方式分为空间协调、时间协调和综合协调。

五、城市规划管理的手段

城市规划管理的手段包括行政手段、法律手段和经济手段。

为保证实现管理目标，管理主体运用行政权力，按照行政层次，采用行政决议、决定、命令等行政措施，直接控制组织或个人的行为，这就是行政手段。行政手段具有权威性、直接性和封闭性。基于以上特点，行政手段也会产生相应的弊端。一是要求管理对象无条件执行，限制了管理对象的创造性，可能导致未来的决策失误；二是行政手段不承担经济责任，过分使用行政手段不利于市场经济发展。

法律手段是依法行政的主要体现，指国家权力机关和行政机关通过制定法律规范文件，以及调整和规范行政管理中所发生的行政、社会活动关系，使得目标实现的手段，具有规范性、强制性和预防性的特点。城市规划管理运用法律手段的主要形式有制定城市规划法律规范、规划管理执法和规划法制宣传教育。

经济手段是规划管理过程中，管理主体按照经济规律，运用各种经济措施调节经济利益关系，从而引导组织和个人行为，以保障目标实现的手段。经济手段的特点是调节对象的利益性、调节作用的间接性和手段的灵活性。经济手段运用的主要形式为处罚和奖励。

练一练

单项选择题：

1. 以下城市规划管理中采用何种控制方式：某政府机关单位甲通过行政划拨取得用地，必须先向规划局取得选址意见书，而乙开发公司则通过拍卖取得土地，不需办理选址意见书。

- 控制对象：A. 宏观　B. 中观　C. 微观　（　　）
- 管理方式：A. 事前　B. 事中　C. 事后　（　　）
- 控制方式：A. 程序　B. 实体　（　　）

【解析】答案为 C、A、A。题目描述的案件是对某个建设工程项目的控制，属于微观控制。取得选址意见书是进行建设工程规划设计的前提，因此是事前控制。获取选址意见书体现了管理手续，为程序控制。

2. 某城市规划局在审核开发单位提送的申报方案时，发现该方案色彩与周围建筑反差较大，建议开发单位修改后再报送。这属于：

- 控制对象：A. 宏观　　B. 中观　　C. 微观　　(　　　)
- 管理方式：A. 事前　　B. 事中　　C. 事后　　(　　　)
- 控制方式：A. 程序　　B. 实体　　　　　　　(　　　)

【解析】答案为 C、B、B。题目描述了“申报方案”，因此控制对象为微观层面。“建议开发单位修改后再报送”是规划编制中间的成果审核，属于事中控制，同时是实体控制。

3. 城市规划委分局监督大队在现场验收工程时发现开发单位擅自将高层裙房向南扩建 3 米，勒令开发单位按照审批方案修改，并处以罚款。这属于：

- 控制对象：A. 宏观　　B. 中观　　C. 微观　　(　　　)
- 管理方式：A. 事前　　B. 事中　　C. 事后　　(　　　)
- 控制方式：A. 程序　　B. 实体　　　　　　　(　　　)

【解析】答案为 C、C、B。“验收工程”说明控制对象属于微观，并且属于事后控制。由于是具体的工程方案，因此选择实体控制。

知识点 3　城市规划管理的工作内容

学前思考

城市规划管理涉及城市建设的各个方面，但对于城市规划管理的工作内容，同学们了解多少？在学习本知识点的内容之前，请各位同学先思考几个问题：城市规划管理的工作内容包括哪几个方面？如何进行城市规划实施管理？城市规划监督管理的处罚措施有哪些？

知识重点

一、城市规划管理的工作内容

城市规划管理的工作内容包括编制管理、实施管理和监督检查管理，正向的作用方向是编制管理作用于实施管理，实施管理作用于监督管理，同时有了回馈机制，这一作用方向又能反向进行，在监督管理中接收到的问题可以反映到实施管理与编制管理的工作中（见图 8－9）。

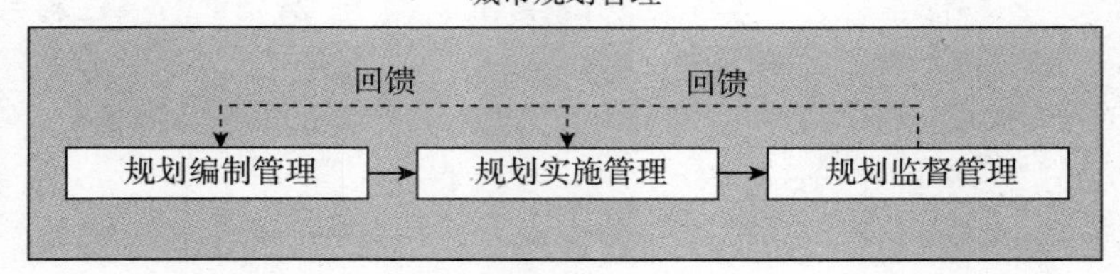

图 8-9　城市规划管理的工作内容分解图

图 8-10 反映了城市规划管理系统内部的三个层次。第一层次即为城市规划管理的工作内容，第二层次为各项管理工作内部的工作细分，第三层次则落实到具体的区域、范围或者项目上。

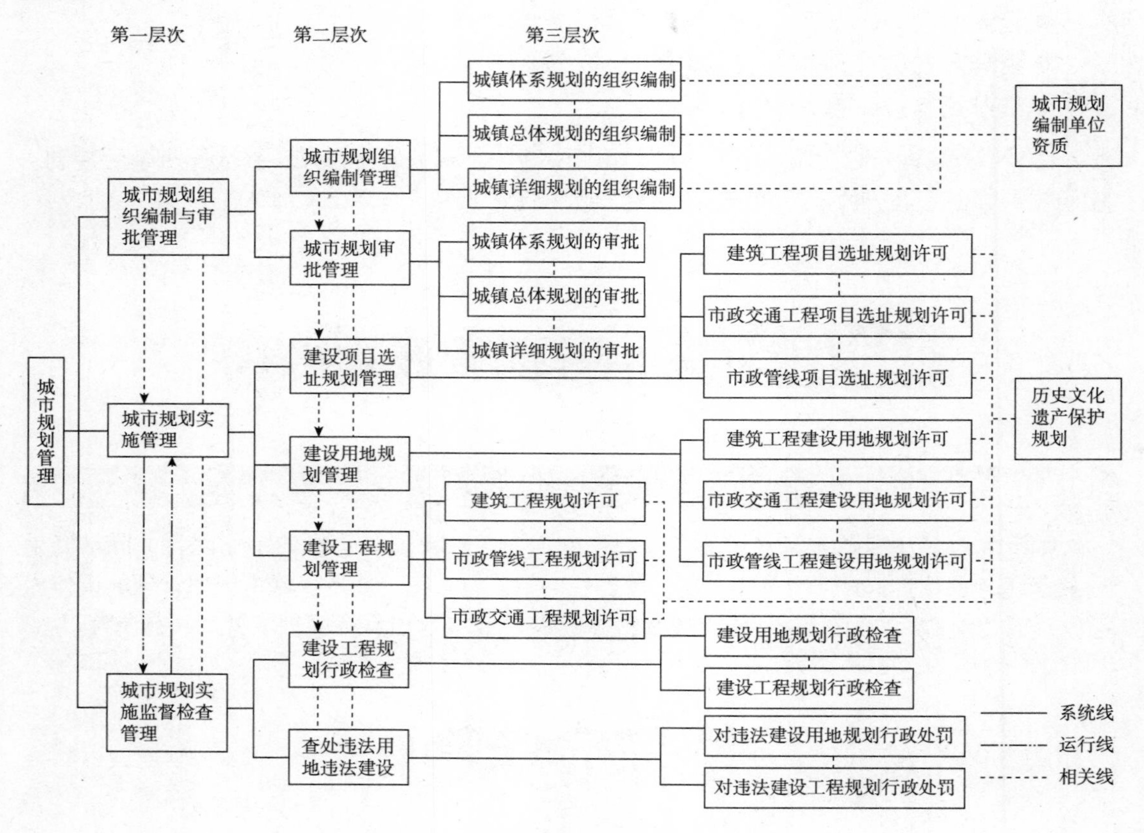

图 8-10　城市规划管理三个层次分解图

图 8-11 反映了城市管理决策支持系统，这是一个基于综合、动态的数据库系统和模型工具库，能够为政府、市场和公众提供有价值的信息，并帮助决策者更高效、准确、科学地进行决策。

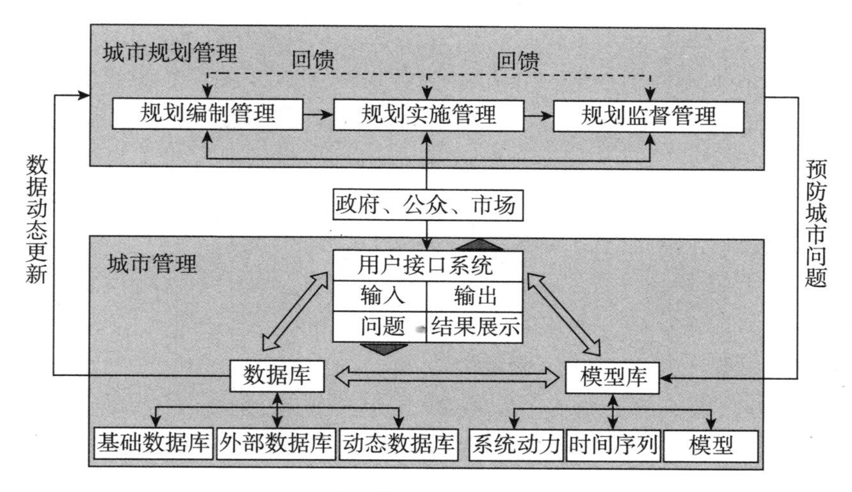

图 8-11　城市管理决策支持系统示意图

二、城市规划管理的编制管理

根据我国《城市规划法》第十一条、第十八条的规定，城镇体系规划、城市总体规划和详细规划共同构成我国的城市规划编制体系。城镇体系规划是一定地区范围内，以区域生产力合理布局和城镇职能分工为依据，确定人口规模等级和城镇的分布与发展规划。城市总体规划是对一定时期内城市性质、发展目标、发展规模、土地利用、空间布局以及各项建设的综合部署。大中城市在此基础上可以编制分区规划。城市详细规划则是以城市总体规划或分区规划为依据，对一定时期内城市局部地区的土地利用、空间环境和各项建设用地所做的具体安排。详细规划包括控制性详细规划和修建性详细规划。在该体系内，全国城镇体系规划、省（自治区）域城镇体系规划指导编制城市总体规划，再由城市总体规划指导编制城市详细规划（见图 8-12）。

图 8-12　城市规划编制管理体系图

学习到这里，同学们也许对城市总体规划和城市详细规划的编制产生了兴趣，接下来将为大家介绍这两个规划的编制和审批工作。

城市总体规划编制工作需要建立在城市政府对于现行城市总体规划以及各项专项规划的实施情况进行总结，并且掌握了城市现存问题和出现的新情况的基础上，从环境、土地、空间等城市长期发展的保障出发，依据上位规划的目标要求，并对城市的定位、发展目标、功能布局和空间布局等战略问题进行前瞻性研究。根据我国《城市规划法》第十一条和《城市规划编制办法》第十一条的规定，城市人民政府负责组织编制城市总体规划和城市分区规划。具体工作由城市人民政府建设主管部门（城乡规划主管部门）承担。

根据《城市规划法》第二十一条的规定，我国城市规划实行分级审批制度：

- ✧ 直辖市的城市总体规划，由直辖市人民政府报国务院审批。
- ✧ 省和自治区人民政府所在地城市、城市人口在一百万以上的城市及国务院指定的其他城市的总体规划，由省、自治区人民政府审查同意后，报国务院审批。
- ✧ 其他设市城市和县级人民政府所在地镇的总体规划，报省、自治区、直辖市人民政府审批，其中市管辖的县级人民政府所在地镇的总体规划，报市人民政府审批。
- ✧ 其他建制镇的总体规划，报县级人民政府审批。
- ✧ 城市人民政府和县级人民政府在向上级人民政府报请审批城市总体规划前，须经同级人民代表大会或者其他常务委员会审查同意。
- ✧ 城市分区规划由城市人民政府审批。

城市详细规划所含的两个规划与总体规划的关系是修建性详细规划，参照已经依法批准的控制性详细规划编制，控制性详细规划参照已经依法批准的城市总体规划，并参考其他专项规划进行编制。控制性详细规划为修建性详细规划建设的地块提出控制性指标，作为建设项目规划许可的依据，修建性详细规划则对地块的建设提出具体的方案和安排。同时，针对历史文化街区应当编制专门的保护性详细规划。根据我国《城市规划法》第十一条和《城市规划编制办法》第十一条的规定，控制性详细规划由城市人民政府建设主管部门（城乡规划主管部门）依据已经批准的城市总体规划或者城市分区规划组织编制，修建性详细规划可以由有关单位依据控制性详细规划及建设主管部门（城乡规划主管部门）提出的规划条件，委托城市规划编制单位编制。

根据《城市规划法》第二十一条规定，城市详细规划的审批制度如下：

- ✧ 城市详细规划由城市人民政府审批；
- ✧ 编制分区规划的城市的详细规划，除重要的详细规划由城市人民政府审批外，由城市人民政府城市规划行政主管部门审批。

那么，什么样的单位或者个人可以编制城市规划呢？这需要我们了解城市规划职业资格制度。该制度包括城市规划编制单位资质和注册城市规划师职业资格制度。城市规划编制单位资质起源于 2001 年建设部发布的《城市规划编制单位资质管理规定》，当中明确委托编制城市规划应当选择具有相应资质的城市规划编制单位。我国城市规划设计院资质分甲、乙、丙三级，甲级城市规划编制单位具备承担各种城市规划编制任务的能力，乙级单位可以在全国承担相应的规划编制任务，例如 20 万人口以下的城市总体规划和各种专项规划和编制（含修订或者调整）、详细规划的编制、研究拟定大型工程项目规划选址意见书，丙级单位可以在本省、自治区、直辖市承担建制镇总体规划编制和修订、20 万人口以下城市的详细规划编制以及各种专项规划的编制、中小型建设工程项目规划选址的可行性研究。

注册城市规划师职业资格制度诞生于更早的 1999 年，建设部于该年发布了《注册城市规划师执业资格制度暂行规定》，宣布我国开始实行注册城市规划师执业资格制度。注册城市规划师是从事规划业务工作的专业技术人员，需要通过每年一次的全国统一考试并取得注册城市规划师执业资格证书。无论是申请资格考试标准，还是考试要求都相当严格，以确保为国家选拔优秀规划人才目标的实现。

三、城市规划管理的实施管理

城市规划实施管理是指城市规划管理部门为了实施规划，依据规划和相关法律法规，对城市规划区内的土地使用以及各项建设活动进行控制、引导、协调，使其遵循城市规划目标的一项行政管理工作。

城市规划实施管理的工作任务由规划实施要求决定，主要包括建设项目选址管理、建设用地选址管理、建设工程规划管理。这三个工作任务密不可分，并且前提都是依据城市规划及其法律规范。项目选址规划管理需要确认或选择建设项目的建设地址，用地规划管理需要规定用地规划条件、确定用地范围，建设工程管理则是对各类工程的建设进行规划管理。

城市规划实施管理的依据主要有法律规范、城市规划、技术规范和政策。依法行政是城市规划实施管理大的前提，因此首先考虑法律规范依据，贯彻执行《城乡规划法》及其配套法律和相关法律规范。城市规划是按照法定程序批准的，城市总体规划、分区规划、专项规划、近期建设规划、控制性详细规划等，在城市规划区内的土地使用和各项建设活动中具有法律地位，因此是规划管理实施的必要依据。技术、标准规范也是依法行政的重要内容，尤其是强制性的技术规范、标准，如日照间距、转弯半径等。地方政府根据自身发展情况以及城市建设制定的各项政策，在规划实施管理的过程中具有参考、借鉴价值。在应用管理依据时，应当因时制宜、因地制宜、因事制宜。

城市规划实施管理实行城市规划许可制度。城市规划许可是一种行政许可，应当针对具体的行政行为，在建设单位或者个人递交申请书之后，城市规划管理部门才能依据申请受理许可。没有建设单位或个人的申请，规划管理部门不能主动予以许可。与此同时，城市规划许可是一种要式行政行为，即必须具备某种法定形式或遵守法定程序才能生效的行政行为。在城市规划实施管理中，这种特定的形式要件就是“一书两证”，全称为“建设项目选址意见书、建设项目用地规划许可证、建设工程规划许可证”。颁发城市规划许可的基本程序为申请—审核—颁发。首先，申请者需要按照规定向城市规划管理部门提出书面申请，并附送有关图纸和资料；接下来的审核包括程序性审核和实质性审核两部分，针对申请者资格、申请事项范围、申请材料完备性、申请事项内容等进行审核；最后对申请者作出回应，即为“颁发程序”。

建设项目选址规划管理的工作内容包括两部分：一是对大型建设项目组织联合选址；二是对一般建设项目的拟建地址进行规划审核，经审核可行的，核发建设项目选址意见书。有三种情况需要申请建设项目选址意见书：一是新建项目需要选址的，二是原地扩建需要扩大用地的，三是原址改建改变用地性质的。值得注意的是，如果原址改建并不改变用地性质的，不需要重新申请建设项目选址意见书。核发建设项目选址意见书能够保障建设项目用地选址符合城市规划要求，也是评价建设项目是否可行的必要条件。

建设用地规划管理的工作任务是依法核发建设用地规划许可，以及其他使用土地涉及城市规划实施的管理工作。在城市规划区内进行建设需要申请用地的，必须取得建设用地规划许可证，这是城市规划管理部门确认建设项目的位置和范围符合城市规划的法定凭证。建设用地规划许可证能够确保土地利用符合城市规划，维护建设单位按照规划使用土地的合法权益，为土地管理部门在城市规划区内行驶权属管理职能提供必要的法律依据。

建设工程管理在狭义上可以理解为建筑管理，而建筑管理早于现代城市规划制度的建立，随着城市规划工作的开展，建设工程管理也成为规划管理系统中重要的部分。建设工程管理包括地区开发建设工程、建筑工程、市政交通工程和市政管线工程四大类。在城市规划区内新建、扩建和改建建筑物、构筑物、道路、管线和其他工程设施，需要具备建设工程规划许可证。这一制度促使城市的建设按照规划要求进行，同时防止违章建设活动的发生。图 8－13 反映了通过土地公开交易市场取得土地开发权的企业投资项目（具备规划意见书）办理流程，其中涉及多个部门，并且个别部门需要反复上门办理证明，最快需要 112 天才能完成全部的流程。

四、城市规划实施的监督管理

城市规划实施监督检查管理是规划管理部门监督检查建设用地和建设活动，实施城市规划和履行规划许可的情况。城市规划行政检查包括依申请检查和依职能检查。依申请检查由建设单位提出，城市规划管理部门赴现场检查，一般在如下情况提出申请，即建设工程开工复验灰线和竣工规划验收。依职能检查则是规划管理部门主动进行监督管理，包括组织普查和随机检查两种形式。除城市规划管理部门之外还包括上级规划行业主管部门的检查、立法机构的监督建设和社会督查。

城市规划行政处罚需要掌握的内容有三点：处罚原则、处罚措施和处罚程序。

处罚原则是行政处罚的准则，贯穿行政处罚的始终，行政处罚一共有六项原则：法定原则、适度原则（行为与处罚相一致）、公开公平原则、处罚救济原则、处罚基本原则、受处罚不免除民事责任的原则。其中，处罚法定原则指行政处罚的依据必须是法定的，实施行政处罚的主体及其职权必须是法定的，行政处罚的程序必须是法定的。处罚基本原则即教育的功能，行政处罚对违法行为的制裁是为了让受罚者服从于规划管理，因此要将处罚和教育相结合。处罚救济原则提供的救济途径有行政复议、行政诉讼和行政赔偿，以保障受罚者获得救济的权利。

规划行政处罚措施分为对违法占地的处罚和对违法建设的处罚。通过县级以上人民政府责令退回用地对违法占地进行处罚。城市规划管理部门对违法建设的处罚可以采取不同的措施，影响程度较轻的责令停止建设，严重的需要限期拆除或没收，也可以通过限期改正、罚款等方式进行处罚。

城市规划行政处罚有一般程序和听证程序。一般程序流程简单，概括为“立案、调查、告知与申辩、作出处罚决定、处罚决定书的送达”。听证程序则是为了保证行政处罚的合法性，赋予行政相对方申诉权设置。

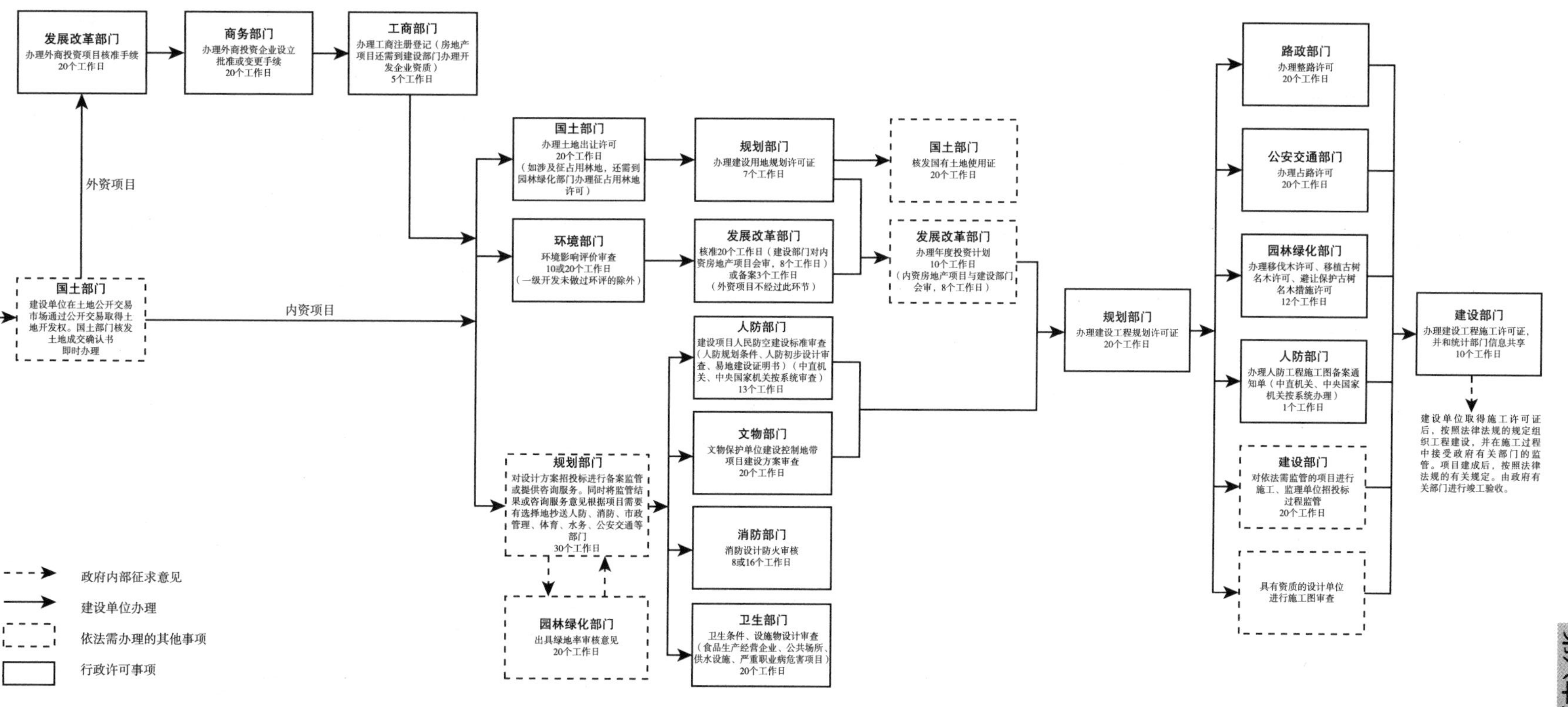

图 8－13　固定资产项目办理流程图

注：本流程为一般项目办理流程，法律法规规定的其他办理环节，按其规定执行。

练一练

辨析题

城市规划实施管理是政府部门职责，本级人民代表大会和普通群众无权干预。

【解析】答案为错误。城市规划实施管理实行城市规划许可制度，城市规划许可是一种行政许可，应当针对具体的行政行为，在建设单位或者个人递交申请书之后，城市规划管理部门才能依据申请受理许可。没有建设单位或个人的申请，规划管理部门不能主动予以许可。

复习思考

1. 在我国，地方规划管理机构的设置有什么特点？
2. 城市规划管理控制有哪些分类？
3. 简述城市规划编制管理体系。
4. 简述颁发城市规划许可的基本程序。
5. “一书两证”的全称是什么？

参考文献

[1] 耿毓修 . 城市规划管理 [M]. 上海：上海科学技术文献出版社，1997.

[2] 李浩 . 论新中国城市规划发展的历史分期 [J]. 城市规划，2016，40(4): 20-26.

[3] 刘欣葵 . 首都体制下的北京规划建设管理——封建帝都 600 年与新中国首都 60 年 [M]. 北京：中国建筑工业出版社，2009.

[4] 孙施文 . 现行政府管理体制对城市规划作用的影响 [J]. 城市规划学刊，2007(5): 32-39.

[5] 孙施文 . 试析规划编制与规划实施管理的矛盾 [J]. 规划师，2001(3): 5-8.

[6] 田莉 . 论我国城市规划管理的权限转变——对城市规划管理体制现状与改革的思索 [J]. 城市规划，2001(12): 30-35.

[7] 王建华，张亚 . 浅议中小城市规划管理体制及机构设置 [J]. 城市规划，1999(1): 46-47, 64.

[8] 杨滔 . 空间句法：基于空间形态的城市规划管理 [J]. 城市规划，2017，41(2): 27-32.

[9] 张璇，刘冰洁 . 新时期行政管理体制改革与城乡规划管理应对 [J]. 规划师，2014，30(4): 5-9.

[10] 赵民 . 城市规划行政与法制建设问题的若干探讨 [J]. 城市规划，2000(7): 8-11.

[11] 祝春敏，张衔春，单卓然，等 . 新时期我国协同规划的理论体系构建 [J]. 规划师，2013，29(12): 5-11.

图书在版编目（CIP）数据

城市规划与设计 / 周红云主编. —北京：中国人民大学出版社，2019. 4
21世纪高等开放教育系列教材
ISBN 978-7-300-26354-0

Ⅰ. ①城… Ⅱ. ①周… Ⅲ. ①城市规划—建筑设计—高等学校—教材 Ⅳ. ①TU984

中国版本图书馆 CIP 数据核字（2018）第 236494 号

21世纪高等开放教育系列教材
城市规划与设计
周红云 主 编
Chengshi Guihua yu Sheji

出版发行	中国人民大学出版社		
社　　址	北京中关村大街 31 号	**邮政编码**	100080
电　　话	010-62511242（总编室）		010-62511770（质管部）
	010-82501766（邮购部）		010-62514148（门市部）
	010-62515195（发行公司）		010-62515275（盗版举报）
网　　址	http:// www.crup.com.cn		
	http:// www.ttrnet.com（人大教研网）		
经　　销	新华书店		
印　　刷	天津中印联印务有限公司		
规　　格	185 mm × 260 mm 16 开本	**版　　次**	2019 年 4 月第 1 版
印　　张	11.75	**印　　次**	2019 年 4 月第 1 次印刷
字　　数	262 000	**定　　价**	32.00 元